BestMasters

Mit „BestMasters" zeichnet Springer die besten Masterarbeiten aus, die an renommierten Hochschulen in Deutschland, Österreich und der Schweiz entstanden sind. Die mit Höchstnote ausgezeichneten Arbeiten wurden durch Gutachter zur Veröffentlichung empfohlen und behandeln aktuelle Themen aus unterschiedlichen Fachgebieten der Naturwissenschaften, Psychologie, Technik und Wirtschaftswissenschaften.

Die Reihe wendet sich an Praktiker und Wissenschaftler gleichermaßen und soll insbesondere auch Nachwuchswissenschaftlern Orientierung geben.

Robert Heinemann

Anwendung der Hochtemperatur- gasphasenwaage zur Untersuchung der Phasenbildung

 Springer Spektrum

Robert Heinemann
Senftenberg, Deutschland

BestMasters
ISBN 978-3-658-16793-6   ISBN 978-3-658-16794-3   (eBook)
DOI 10.1007/978-3-658-16794-3

Die Deutsche Nationalbibliothek verzeichnet diese Publikation in der Deutschen National-
bibliografie; detaillierte bibliografische Daten sind im Internet über http://dnb.d-nb.de abrufbar.

Springer Spektrum

Gedruckt auf säurefreiem und chlorfrei gebleichtem Papier

Springer Spektrum ist Teil von Springer Nature
Die eingetragene Gesellschaft ist Springer Fachmedien Wiesbaden GmbH
Die Anschrift der Gesellschaft ist: Abraham-Lincoln-Str. 46, 65189 Wiesbaden, Germany

Danksagung

An diesem Punkt möchte ich mich bei all jenen bedanken, die mich während der Erstellung meiner Master-Thesis unterstützt haben.

Somit geht mein Dank zunächst an meine Familie und Freunde, die mir während meines gesamten Studiums zur Seite standen.

Mein besonderer Dank gilt Herrn Prof. Dr. Schmidt für die Bereitstellung des Themas und einem Platz in seiner Arbeitsgruppe, für seine stetige Diskussionsbereitschaft und sein förderndes Interesse am Fortschritt dieser Arbeit.

Ich danke auch Herrn Prof. Dr. Acker für die Übernahme des Zweitgutachtens und die Unterstützung während meines Studiums.

Zum Schluss möchte ich mich noch herzlich bei der gesamten Arbeitsgruppe „Anorganische Festkörper und Materialien" für die entspannte Arbeitsatmosphäre bedanken

Inhaltsverzeichnis

Abbildungsverzeichnis

Tabellenverzeichnis

Abkürzungen und Symbole

Abkürzungen:

CTR	chemische Transportreaktionen (engl. *Chemical Vapour Transport, CVT*)
HTGW	Hochtemperaturgasphasenwaage

Symbole:

Kp	Gleichgewichtskonstante bezogen auf ein chemisches Gleichgewicht mit der Gasphase
$\Delta_R H^0$	Standardreaktionsenthalpie [kJ/mol]
$\Delta_R S^0$	Standardreaktionsentropie [J/mol · K]
R	universelle Gaskonstante, $R = 8{,}314$ J/mol · K
$T_{opt.}$	optimale Transporttemperatur [K]
$\Delta_B H^°_T$	Standardbildungsenthalpie [kJ/mol]
$S^°_T$	Standardentropie [J/mol · K]
C_p	Wärmekapazität [J/mol · K]
Δm_{gas}	Masseänderung innerhalb der Gasphase [mg]
p_{ges}	Gesamtdruck [bar]
M_{Gas}	mittlere molare Masse der Gasphase [g/mol]

1 Einleitung

Anorganische Verbindungen finden seit den frühesten Tagen der Menschheit Anwendung als Werkstoffe und Materialien. Heutzutage werden solche mit besonderen Eigenschaften für High-Tech-Anwendungen, sei es als Halbleiter, Thermoelektrikum, Hartstoff oder Pigment, produziert. Für viele dieser Einsatzmöglichkeiten muss das Material in reiner Form und im Idealfall als Einkristall vorliegen. Viele der verwendeten Materialien können über Verfahren der Schmelz-kristallisation gewonnen werden. Liegt allerdings der Schmelzpunkt der Substanz für eine technische Umsetzung zu hoch oder zersetzt sich das Material vorher geraten diese Verfahren an ihre Grenzen. Die Kristallisation über chemische Transportreaktion (CTR) bietet an dieser Stelle eine gute Alternative. Die Vorteile sind die deutlich niedrigeren Temperaturen, bei denen der Transport erfolgt, eine gezielte Abscheidung der gewünschten Substanz sowie ein Reinigungseffekt. Die Anwendungsmöglichkeiten sind dabei vielfältig. Ob zur Aufreinigung und Darstellung von Metallen oder zur Züchtung von Einkristallen, die chemischen Transportreaktionen sind Gegenstand vieler industrieller Prozesse. Die ersten systematischen Betrachtungen dazu wurden in den fünfziger und sechziger Jahren durch *Schäfer* geliefert. Die CTR stellen in der heutigen Zeit ein gut erforschtes Themengebiet dar, die Mechanismen und thermodynamischen Grundlagen sind weitestgehend bekannt. Mittlerweile sind viele tausend Beispiele für solche Reaktionen bekannt. Um chemische Transportreaktionen gezielt nutzen zu können müssen die optimalen Bedingungen geklärt sein. Da „Trial-and-Error"-Verfahren zur Findung der optimalen Bedingungen meist zeitraubend und kostenintensiv sind, ist eine gezielte Planung daher lohnenswert. Dafür können heutzutage Computerprogramme verwendet werden, allerdings mit der Voraussetzung, dass die für eine Modellierung benötigten thermo-dynamischen Daten vorliegen. Eine weitere Möglichkeit bieten Analysenmethoden, mit denen die für einen Transport geltenden Gasphasen-Bodenkörper-Gleichgewichte im Vorfeld betrachtet werden können.

Im Rahmen der vorliegenden Arbeit wird eine dieser Analysenmethoden, die Hochtemperaturgasphasenwaage (HTGW), betrachtet. Dabei wird nicht nur die experimentelle Umsetzung der Methode sondern auch ihre Anwendung in Hinblick auf die Planung von chemischen Transporten näher beleuchtet. Dazu liefert die vorliegende Arbeit zunächst eine umfassende Dokumentation über die Optimierung der Versuchsanordnung. Im Anschluss erfolgt die Anwendung der HTGW auf die bereits bekannten Gasphasen-Bodenkörper-Gleichgewichte des Systems Ge-I und auf das System Ge-Te-I.

2 Theoretische Grundlagen

2.1 Chemische Transportreaktionen

Als chemische Transportreaktionen (engl. *Chemical Vapour Transport, CVT*) bezeichnet man Reaktionen, bei denen die kondensierte Phase, in den meisten Fällen ein Feststoff, sich mit Hilfe eines gasförmigen Reaktionspartners, dem Transportmittel, verflüchtigt und an anderer Stelle wieder abscheidet. Da das Produkt im Idealfall als gut ausgebildeter Kristall erhalten wird, findet dieses Verfahren häufig Anwendung bei der Züchtung von Einkristallen sowie der Reinigung von Feststoffen, wie zum Beispiel beim *Mond-Langer-Verfahren* [3] zur Reinigung von Nickel oder bei der *Glühdrahtmethode* nach *van Arkel* und *de Boer* [4] zur Reindarstellung von Metallen wie Titan. Chemische Transportreaktionen können dabei im geschlossenen (Feststoff und Transportmittel werden vorgelegt und das Reaktionsgefäß verschlossen) oder im offenen System (Transport über einen Strom des Transportmittels im Strömungsrohr) erfolgen. Der Ort, an dem die Verflüchtigung des Feststoffes oder anders ausgedrückt seine Auflösung in die Gasphase stattfindet, wird in diesem Zusammenhang als **Quelle** und der Ort der Abscheidung als **Senke** bezeichnet. Die sogenannte Transportgleichung beschreibt die Reaktion der Auflösung und der Abscheidung, welche stets reversibel ist und sich in folgender verallgemeinerter Form darstellen lässt:

$$i\,A(s) + k\,B(g) \;\rightleftharpoons\; j\,C(g) + \ldots \tag{2.1}$$

Abgesehen von $C(g)$ können durch die Transportreaktion noch weitere Produkte gebildet werden. Für eine Nutzbarmachung müssen allerdings alle Produkte bei den gegebenen Reaktionsbedingungen gasförmig sein. Des Weiteren darf auch keine extreme Gleichgewichtslage vorliegen. Reaktionsenthalpie und -entropie beziehen sich immer auf die Auflösungsreaktion (Hinreaktion). Die Triebkraft für einen Transport ist dabei ein Aktivitätsgradient zwischen Quelle und Senke, der im Regelfall durch einen Temperaturgradienten erzeugt wird. In welche Richtung der Transport letztendlich verläuft, richtet sich nach der Reaktionsenthalpie der Transportreaktion. Diese Transportverhältnisse sind über geeignete thermodynamische Betrachtungen zu erläutern. Wird der Reaktionsraum im geschlossenen System (z.B. eine geschlossene Quarzglasampulle) in zwei Räume aufgeteilt, lässt sich der Transport gedanklich in drei Prozesse unterteilen. Die Auflösung des Feststoffes in die Gasphase auf der Quellenseite, die Gasbewegung durch den Reaktionsraum und die Abscheidung auf der Senkenseite. In der Regel ist die Gasbewegung der langsamste und somit geschwindigkeitsbestimmende Schritt. Bei Gesamtdrücken von ca. 1 bar erfolgt die Gasbewegung zum größten

Teil über Diffusion. Einem gerichteten Stofftransport liegt dabei stets ein Aktivitätskoeffizient zugrunde. Im Falle einer Diffusion innerhalb der Gasphase empfiehlt es sich, diesen als Partialdruckdifferenz darzustellen. Herrscht entlang des Reaktionsraumes ein Temperaturgradient, wird die Partialdruckdifferenz durch veränderte Gleichgewichtslagen der Transportreaktion verursacht. Dabei besteht die Konvention, dass die höhere Temperatur stets als T_2 und die niedrigere als T_1 benannt wird. Als Ausdruck für die Temperaturabhängigkeit der Gleichgewichtskonstante Kp dient die Gleichung von *van't Hoff*.

$$\ln Kp = -\frac{\Delta_R H^0}{R \cdot T} + \frac{\Delta_R S^0}{R} \tag{2.2}$$

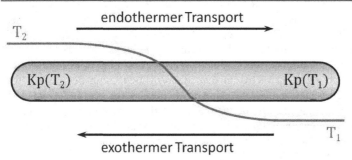

Abbildung 2.1:   Schema zur thermodynamischen Betrachtung von chemischen Transportreaktionen im geschlossenen System

Ist die Transportreaktion endotherm ($\Delta_R H^0 > 0$), liegt das chemische Gleichgewicht im Sinne des Prinzips von *Le Chatelier* bei T_2 stärker auf der Seite der Hinreaktion als bei T_1. In Folge dessen findet ein endothermer Transport von heiß nach kalt statt. Ist die Transportreaktion exotherm ($\Delta_R H^0 < 0$) kehren sich die Verhältnisse um [1].

In jedem Fall sollte vor den praktischen Versuchen zunächst eine thermodynamische Betrachtung des jeweiligen Stoffsystems erfolgen. Dadurch ist es möglich, die optimale Transporttemperatur, die Transportrichtung und sogar die Transportrate im Voraus abzuschätzen. Die optimale Transporttemperatur lässt sich mit Hilfe der *van't Hoff*'schen Gleichung relativ simpel abschätzen. Wird eine ideale Gleichgewichtslage von Kp = 1 angenommen, lässt sich die Gleichung folgendermaßen umformen:

$$T_{opt} = \frac{\Delta_R H^0}{\Delta_R S^0} \tag{2.3}$$

In einem Temperaturgradienten, bei der die optimale Transporttemperatur die mittlere Temperatur darstellt, ist die Transportrate theoretisch am höchsten. In einfachen Fällen kann die Transportrate, also die pro Zeiteinheit in der Senke abgeschiedene Stoffmenge, mittels der *Schäfer*'schen Diffusionsgleichung (Gleichung .4) ermittelt werden. Unter der Annahme, dass bezüglich der Transportrate die Diffusion geschwindigkeitsbestimmend ist, lässt sich diese über die Partialdruckdifferenz bei der jeweiligen Transporttemperatur für eine Transportreaktion nach Gleichung 2.1 errechnen [2].

$$\dot{n}(A) = \frac{n(A)}{t'} = \frac{i}{j} \cdot \frac{\Delta p(C)}{\sum p} \cdot \frac{\overline{T}^{0,75} \cdot q}{s} \cdot 0,6 \cdot 10^{-4} (mol \cdot h^{-1}) \tag{2.4}$$

$\dot{n}(A)$	Transportrate [$mol \cdot h^{-1}$]
i, j	stöchiometrische Koeffizienten der Transportgleichung (Gleichung. 2.1)
$\Delta p(C)$	Partialdruckdifferenz von C [bar]
$\sum p$	Gesamtdruck [bar]
$\overline{T}$	mittlere Temperatur entlang der Diffusionsstrecke [K]
q	Querschnitt der Diffusionsstrecke [cm^2]
s	Länge der Diffusionsstrecke [cm]
t'	Dauer des Transports [h]

Die Nutzung der *Schäfer*'schen Diffusionsgleichung bietet sich allerdings nur bei chemischen Transporten an, die nur über **eine** Transportreaktion ablaufen. Sind Transporte von mehreren Reaktionen abhängig, muss die Gasphasenlöslichkeit λ des zu transportierenden Stoffes betrachtet werden [1].

Die gezielte Planung eines chemischen Transports erfordert also zunächst eine konkrete Betrachtung der Partialdrücke bzw. der Gasphasenlöslichkeiten der einzelnen Spezies im Stoffsystem. Diese Betrachtungen können heutzutage mit experimentellen Methoden, also über die Messung von Partial- oder Gesamtdrücken, oder auf theoretischem Wege über Computerprogramme erfolgen. Letztere sind in der Lage, sämtliche relevanten Größen, wie Zusammensetzung der Gasphase und des Bodenkörpers, Gasphasenlöslichkeiten und Transportraten zu ermitteln. Allerdings ist dafür die Kenntnis konsistenter Stoffdaten von sämtlichen möglichen Gasphasen- und Bodenkörpersspezies im betrachteten Stoffsystem unabdingbar [1].

2.2 Planung chemischer Transporte über Druckmessungen

Bereits 1974 wurde mit dem Membrannullmanometer eine Methode zur empfindlichen Messung des Gesamtdrucks in geschlossenen Systemen durch *Oppermann* [5] beschrieben. Sie erlaubt die Erfassung von Druckänderungen über einem vorgelegten Bodenkörper und einem ausgewählten Temperaturbereich. Die Methode ermöglicht somit die Bestimmung von Gleichgewichts-Dampfdrücken, die Ermittlung von Temperaturbereichen für Auflösung und Abscheidung von Stoffen in Transportprozessen oder das Verfolgen von heterogenen Reaktionen zwischen Gasphase und Bodenkörper bzw. Reaktionen nur innerhalb der Gasphase (aus denen eine Gesamtdruckänderung resultiert). Das Manometer wurde daher maßgeblich für die Untersuchung der Phasenbildung sowie für die Vorbetrachtung von Stoffsystemen mit dem Ziel eingesetzt, optimale Bedingungen für einen chemischen Transport im Voraus auszuwählen. Die großen Nachteile des Membrannullmanometers liegen zum einen in der langen Messdauer, die sich über Tage oder sogar Wochen erstrecken kann sowie in dem eingeschränkten Messbereich von 1 mbar bis 1 bar. Ein weiterer Nachteil bei komplexeren Systemen ist, dass diese Methode allein keine Aussage darüber hergibt, auf welche der möglichen Gasspezies die gemessenen Druckänderungen zurückzuführen ist [5, 6].

Einen anderen methodischen Ansatz zur Gesamtdruckmessung liefert die Hochtemperaturgasphasenwaage (HTGW), die bereits 1997 von *Hackert* und *Plies* [7] vorgestellt wurde. Sie ist eine experimentelle Variante der zuvor von *Kohlmann et al.* [8] entwickelten Transportwaage, welche bereits damals die direkte experimentelle Bestimmung von Transportraten ermöglicht hat. Die Messwerterfassung beider Methoden basiert dabei auf der Schwerpunktverschiebung über einen waagerechten Hebelarm. Also können in beiden Fällen Informationen aus der registrierten Masseänderung gewonnen werden. Im Falle der HTGW wäre das die Masse der in die Gasphase übergehenden Stoffe ($\Delta m_{Gas}(T)$) in Abhängigkeit von der Temperatur und bei der Transportwaage die transportierte Masse ($\Delta m(t)$) über die Dauer des Transports. Dabei ist anzumerken, dass für die Nutzung der Transportwaage als HTGW und umgekehrt kaum apparative Änderungen erforderlich sind. Aufgrund dessen lassen sich beide Methoden in Kombination verwenden, wobei die Nutzung der HTGW ähnlich dem Membrannullmanometer der Voruntersuchung des Stoffsystems, also der Lokalisierung von für den Transport entscheidenden Reaktionen (z.B. Bildung des Transportmittels und dessen Übergang in die Gasphase) im gegebenen Temperaturbereich, dient. Die HTGW ermöglicht allerdings keine Direktbestimmung des Gesamtdrucks. Dieser wird lediglich unter bestimmten Voraussetzungen über $\Delta m_{Gas}(T)$ zugänglich gemacht, bietet dabei allerdings einen Messbereich von 0,1 bar bis 10 bar. Ein weiterer großer Vorteil beider Methoden ist, dass das Stoffsystem direkt innerhalb von verschlossenen Quarzglasampullen untersucht werden kann, was der konventionellen Durchführung von Transportexperimenten am nächsten kommt [6, 7, 8].

2.3 Funktionsweise der Hochtemperaturgasphasenwaage

Die Hochtemperaturgasphasenwaage dient in erster Linie der quantitativen Erfassung des Verlaufs von Prozessen, bei denen Massenänderungen zwischen der Gasphase und den kondensierten Phasen (Bodenkörper) feststellbar sind. Die folgenden Prozesse können dabei registriert werden.

- Übergänge von Feststoffen oder Flüssigkeiten aus dem Bodenkörper in die Gasphase (Sublimation bzw. Verdampfen)
- Kondensation von Gasspezies
- Reaktionen von Gasspezies mit dem Bodenkörper
- Reaktionen von kondensierten Spezies unter Bildung von gasförmigen Reaktionsprodukten

Bei jedem dieser Prozesse ändern sich die Gesamtmassen des Bodenkörpers und der Gasphase gleichermaßen um den Betrag $\Delta m_{kond.}$ bzw. Δm_{Gas}. Dabei gilt:

$$\Delta m_{kond.} = -\Delta m_{Gas} \qquad (2.5)$$

Reaktionen, welche von der HTGW nicht erfasst werden können, sind somit:

- Reaktionen innerhalb des Bodenkörpers (z.B. Festkörperreaktionen)
- Reaktionen von Gasspezies zu anderen Gasspezies

Die zu untersuchenden Prozesse finden dabei in einer geschlossenen Quarzglasampulle statt, welche einem definierten Temperaturprogramm ausgesetzt wird. Da nach Gleichung 2.5 die Gesamtmasse der Ampulle immer konstant bleibt, werden Masseänderungen in Bodenkörper und Gasphase anhand einer Verlagerung des Schwerpunktes der Ampulle registriert [6 ,7]. Für die Erfassung dieser Verlagerung befindet sich die Quarzglasampulle mit dem zu untersuchenden Stoffsystem auf einem Hebelarm (siehe Abbildung 2.2) und belastet diesen linksseitig mit den Gewichtskräften $F_{kond.}$ und F_{Gas} sowie der Masse der Ampulle. Denen entgegen wirkt der Auftrieb der Ampulle, welcher für weitere Betrachtungen zunächst vernachlässigt werden kann. Die verschiebbaren

Gegengewichte belasten den Hebelarm rechtsseitig. Dabei wird deren Position so gewählt, dass auf der rechten Seite des Hebelarms eine Überkompensation erreicht wird, damit dieser auf dem Stempel aufliegt. Der Stempel überträgt dabei die Kraftwirkung der Gegengewichte, welche wiederum durch $F_{kond.}$ und F_{Gas} kompensiert wird, auf die darunter befindliche Analysenwaage. Diese erfasst dabei die Kraft $F_{Messung}$ und gibt sie als Masse aus.

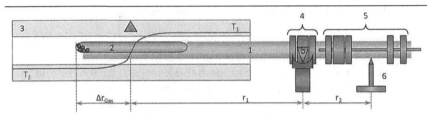

Abbildung 2.2:   ursprüngliche Form der HTGW; 1) Hebelarm (Korund- bzw. Quarzrohr), 2) Quarzglasampulle, 3) Zweizonenofen, 4) Auflage, 5) verschiebbare Gegengewichte, 6) Stempel

Die Änderung dieses Messsignal gibt dabei Auskunft über die oben bereits erwähnten Reaktionen. Da $F_{kond.}$, F_{Gas} und $F_{Messung}$ als der Gewichtskraft der Gegengewichte entgegenwirkend betrachtet werden (siehe Abbildung 2.3), lässt sich folgender Ansatz formulieren, wobei der Auftrieb sowie die wirkenden Gewichtskräfte durch Ampulle und Hebelarm nicht mit in diese Betrachtung einbezogen werden:

$$F_{kond.} \, (r_1 + \Delta r_{Gas}) + F_{Gas} \, r_1 + F_{Messung} \, r_2 = F_{Gegengewicht} \, r_{Gegengewicht} \quad (2.6)$$

Abbildung 2.3:   Skizze des Hebelarms mit allen für die Auswertung relevanten wirkenden Kräften

Der Bodenkörper in der Ampulle liegt mit der Weglänge $(r_1 + \Delta r_{Gas})$ von der Auflage entfernt. Geht nun beispielsweise ein Teil des Bodenkörpers in die Gasphase über, verteilt sich die übergehende Masse Δm_{Gas} gleichmäßig über das gesamte Volumen der Ampulle. Dabei verschiebt sich der Schwerpunkt der übergangenen Masse um die Hälfte der Ampullenlänge in Richtung Auflage, woraus sich eine Verkürzung der Hebellänge Δr_{Gas} ergibt. Daraus resultiert eine gesteigerte Kraftwirkung auf den Stempel $\Delta F_{Messung}$. Da während der Reaktion weder Lage noch Masse des Gegengewichts geändert werden, ergibt sich folgende Gleichung:

$$\Delta F_{kond.} \, (r_1 + \Delta r_{Gas}) + \Delta F_{Gas} \, r_1 + \Delta F_{Messung} \, r_2 = 0 \tag{2.7}$$

$$F_{Gegengewicht} = g \, m_{Gegengewicht} = konst.$$

$$r_{Gegengewicht} = konst.$$

Die in Gleichung 2.7 aufgeführten Kräfte entsprechen allesamt Gewichtskräften, daher lässt die Gleichung sich wie folgt umformen:

$$g \, \Delta m_{kond.} \, (r_1 + \Delta r_{Gas}) + g \, \Delta m_{Gas} \, r_1 + g \, \Delta m_{Messung} \, r_2 = 0 \tag{2.8}$$

$$\Delta m_{kond.} \, (r_1 + \Delta r_{Gas}) + \Delta m_{Gas} \, r_1 + \Delta m_{Messung} \, r_2 = 0 \tag{2.9}$$

Durch Einsetzen von Gleichung 2.5 in Gleichung 2.9 ergibt sich:

$$\Delta m_{Gas} \, (r_1 - r_1 - \Delta r_{Gas}) + \Delta m_{Messung} \, r_2 = 0 \tag{2.10}$$

$$-\Delta m_{Gas} \, \Delta r_{Gas} + \Delta m_{Messung} \, r_2 = 0 \tag{2.11}$$

$$\Delta m_{Gas} = \frac{r_2}{\Delta r_{Gas}} \, \Delta m_{Messung} \tag{2.12}$$

Mittels Gleichung 2.12 kann aus veränderten Messwerten der Waage die Masse an in die Gasphase übergehenden Stoffen ermittelt werden. Der Umrechnungsfaktor $r_2 / \Delta r_{Gas}$ ist dabei lediglich von Konstruktionsmerkmalen der HTGW abhängig. Aus der ermittelten Masse an Gas kann über die ideale Gasgleichung der in der Ampulle herrschende Gesamtdruck ermittelt werden. Voraussetzung dafür ist allerdings die Kenntnis der molaren Masse und somit der genauen Zusammensetzung der Gasphase.

$$p \, V = n \, R \, T \tag{2.13}$$

$$p_{ges} = \frac{\Delta m_{Gas} \cdot R \cdot T}{M_{Gas} \cdot V} \tag{2.14}$$

Da die Ampulle während der Messung allerdings einem Temperaturprogramm ausgesetzt wird, dürfen verschiedene thermische Effekte nicht außer Acht gelassen werden:

- Ausdehnung des Hebelarms durch Erhöhung der Temperatur
- veränderter Auftrieb der Ampulle im Ofen

Da nur der Teil des Hebelarms innerhalb des Ofens eine thermische Ausdehnung erfährt, vergrößert sich die Hebellänge nur auf der linken Seite. Dadurch wächst die linksseitige Belastung des Hebels und der Messwert auf der Waage verringert sich dementsprechend. Eine Erhöhung der Temperatur verursacht zudem eine Erniedrigung der Dichte der Atmosphäre innerhalb des Ofenrohres, was ein verändertes Auftriebsverhalten der Ampulle zur Folge hat. Weiterhin bewirkt der Temperaturgradient des Ofens eine Konvektion von Luft durch das Ofenrohr. Da alle diese thermischen Effekte das Messergebnis empfindlich beeinflussen können, muss die eigentliche Untersuchung des Stoffsystems durch eine Leermessung korrigiert werden. Dazu wird eine evakuierte Quarzglasampulle (Leerampulle) demselben Temperaturprogramm ausgesetzt werden und der Verlauf der Masse in Abhängigkeit von der Temperatur erfasst [9].

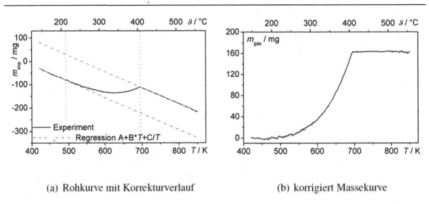

(a) Rohkurve mit Korrekturverlauf   (b) korrigiert Massekurve

Abbildung 2.4:   Demonstration der Untergrundkorrekur aus der Rohkurve am Beispiel der Sublimation von Quecksilber [2]

Eine andere Möglichkeit zur Korrektur kann aus der Messung selbst erfolgen. Dies ist möglich, sofern Temperaturbereiche existieren, in denen keine der oben genannten erfassbaren Prozesse innerhalb der Ampulle stattfinden und somit keine Massenänderung zwischen Gasphase und Bodenkörper zu verzeichnen sind. In diesem Fall sind die zu beobachtenden Masseänderungen nur auf die oben beschriebenen thermischen Effekte zurückzuführen. Die Anwendung dieser Untergrundkorrektur wurde bereits durch *Schöneich* am Beispiel der Sublimation von Quecksilber beschrieben [6]. Dabei können der Anfangs- und Endbereich der Rohkurve für die Korrektur verwendet werden. Der Verlauf dieser beiden Bereiche wird dabei einer Regression unterzogen und auf den Temperaturbereich, in dem die Sublimation beobachtet wird, extrapoliert (Abbildung 2.4a). Nach erfolgreicher Korrektur zeigen Anfangs- und Endbereich konstante Massen (Abbildung 2.4b). Für diese Anpassung wurde daher eine Funktion gewählt, die die oben genannten ausschlaggebenden physikalischen Effekte mit einbezieht. Da diese Effekte die Kraftwirkungen auf den Hebelarm beeinflussen, lässt sich folgender Ansatz formulieren:

$$F_{korr.} = F_{Auftrieb} + F_{Ausdehnung} \qquad (2.15)$$

Die Auftriebskraft $F_{Auftrieb}$ resultiert aus der Verdrängung von Luft durch die Ampulle und den Hebelarm. Der temperaturabhängige und damit ausschlaggebende Parameter ist die Dichte der umgebenden Luft $\rho(T)$. Daraus ergeben sich die folgenden Beziehungen:

$$F_{Auftrieb}(T) = \rho(T) \cdot V \cdot g \qquad (2.16)$$

$$\rho(T) = \frac{M_0 \cdot p_0}{R \cdot T} \qquad (2.17)$$

$$F_{Auftrieb}(T) = \frac{M_0 \cdot p_0}{R \cdot T} \cdot V \cdot g \quad \rightarrow \quad F_{Auftrieb}(T) \propto T^{-1} \qquad (2.18)$$

Für die thermische Längenausdehnung des Hebelarms gilt dabei folgender Zusammenhang:

$$\Delta r(T) = r_0 \cdot \alpha \cdot \Delta T \qquad (2.19)$$

Der Einfluss einer Änderung der Hebellänge wurde bereits oben beschrieben. Somit lässt sich analog Gleichung 2.12 folgende Beziehung aufstellen:

$$\Delta F = \frac{\Delta r(T)}{r_2} \cdot F_0 \quad \rightarrow \quad F_{Ausdehnung}(T) \propto T \qquad (2.20)$$

Aus den Gleichung 2.15, 2.18 und 2.20 lässt sich nach *Schöneich* die Funktion für die Anpassung ableiten [6].

$$F_{korr.} = F_{Ausdehnung}(T) + F_{Auftrieb}(T^{-1})$$ (2.21)

$$m_{korr.} = m_{Ausdehnung}(T) + m_{Auftrieb}(T^{-1})$$ (2.22)

$$m_{korr.} = A + B \cdot T + \frac{C}{T}$$ (2.23)

2.4 Vorausgegangene Optimierung der Hochtemperaturgasphasenwaage

Obwohl die Hochtemperaturgasphasenwaage bereits für viele Problemstellungen Anwendung findet [6, 7, 9, 10], ist eine weitere Optimierung der Methode lohnenswert. Besondere Aufmerksamkeit sollte dabei dem Einfluss der von außen einwirkenden Effekten zukommen, wie beispielsweise Erschütterungen oder Luftbewegungen. Durch *Gerasch* und *Hohlfeld* wurden solche Effekte vermehrt beobachtet. Solche Einflüsse führen zu unerwarteten sprunghaften Änderungen der Messwerte. Desweiteren treten auch kleinere Schwankungen („Rauschen") auf, wobei die Optimierungsversuche maßgeblich auf die Verminderung und im Idealfall eine Beseitigung dieser Effekte abzielten. Als mögliche Lösungen für diese Probleme wurden mehrere Konzepte vorgeschlagen und teilweise auch getestet:

- Variation der Hebelarmkonstruktion
- Variation des Hebelarmmaterials
- Schwingungsentkopplung der Waage

Der erste Versuch, die Konstruktion vor Erschütterungen und Vibrationen zu schützen bestand darin, die Analysenwaage auf einer Granitplatte zu platzieren, um zunächst die Analysenwaage selbst sowie den Stempel von den Schwingungen des Gebäudes zu entkoppeln. Im Zuge der Verbesserung der Hebelarmkonstruktion wurden durch *Gerasch* und *Schöneich* zwischen einem massiven Rohr und zwei dünnen Stäben verglichen (Abbildung 2.5) [6, 10].

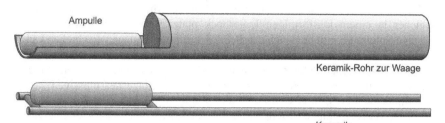

Abbildung 2.5: schematische Darstellung der verwendeten Hebelarm-konstruktionen, entnommen aus [10]

Bei letzterem wurden Stäbe aus Korund und Stäbe aus Quarzglas miteinander verglichen, für die andere Konstruktion wurde ein massives Rohr aus Korund verwendet. Desweiteren fanden für die jeweiligen Hebelarmkonstruktionen zwei verschiedene Auflagekonzepte Verwendung (Abbildung 2.6). Das Korundrohr wurde durch zwei beidseitig angeordnete Stahlkeile gehalten, die auf einem kreisrunden Lagerbock platziert wurden. Hier war bereits im Vorfeld festzustellen, dass die Keile innerhalb des Lagerbocks verschiebbar sind, sich hier allerdings der Vorteil ergibt, dass ein seitliches Kippen nicht möglich ist [10].

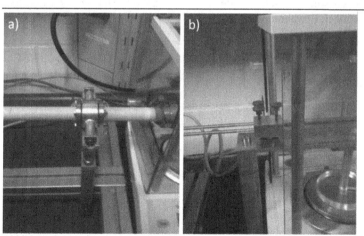

Abbildung 2.6: Auflagekonzepte für die HTGW, a) Auflage für das Korundrohr, b) Auflage für die Stabkonstruktion [10]

Für die Stabkonstruktion war ein breiterer Keil unterhalb der Stäbe angeordnet, welcher in einem keilförmigen Lagerbock platziert war. Der Vorteil ist der geringe Spielraum, mit dem sich der Hebelarm auf der Auflage verschieben kann, wobei die Konstruktion anfälliger gegen seitliches Kippen ist. Dabei war die Auflage der Hebelarmkonstruktionen bestehend aus zwei dünnen Stäben zusätzlich zu der Analysenwaage entkoppelt, die Auflage des massiven Rohrs allerdings nicht [10].

In einem Experiment, bei dem die Analysenwaage, ohne Stempel und ohne Hebelarm, einmal direkt auf dem Tisch und einmal auf der Granitplatte platziert wurde, zeigte sich, dass ohne Entkoppelung die Gebäudeschwingung zu Ausschlägen in den Messwerten führte. Nach Platzierung der Waage auf der Granitplatte war dies nicht mehr zu beobachten. Sobald allerdings Stempel und Hebelarm in die Konstruktion eingeführt wurden, konnten wieder vermehrt starke Störungen der Messkurven, wie z.B. spontanes Springen der Messwerte oder eine langsame kontinuierliche Änderung („Driften") des Messwertes beobachtet werden. Bei Vergleich der beiden Konstruktionskonzepte erwiesen sich die Stab-Konstruktionen als besonders störungsanfällig (Abbildung 2.7). Zwar war auch beim Korundrohr in den isothermen Bereichen ein unerwartetes „Driften" der Messwerte zu beobachten, allerdings in einem weitaus geringeren Maße als bei der Stabkonstruktion. Spontane Sprünge blieben beim Korundrohr aus [10]. Bei *Schöneich* finden solche Effekte weder bei der Stabkonstruktion noch bei den Rohrkonstruktionen Erwähnung [6].

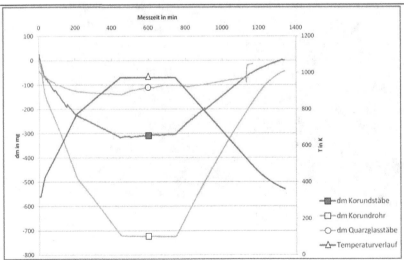

Abbildung 2.7:   Vergleich der Konstruktionen beim Aussetzen eines definierten Temperatur-programmes [10]

Der auftretende „Drift" der Messwerte ist durch die vom Ofen verursachte Luftströmung in Richtung Auflage zu begründen, welche die Auflage selbst und die Gegengewichte erwärmt und deren Auftriebsverhalten ändert. Das spontane Springen der Messwerte ist durch Luftströmungen zu erklären, die die Position des Hebelarms auf der Auflage verändert. Obwohl das Korundrohr bei der Verschiebung auf dem Lagerbock einen größeren Spielraum hat, treten die Sprünge nur bei der Stabkonstruktion auf. Begründet wird dies durch die geringere Masse der Stabkonstruktion, was sich in anderen Punkten wiederum als Vorteil erweist. Die in Folge der oben beschriebenen temperaturabhängigen Längenausdehnung auftretende Masseänderung tritt hier im geringeren Maße auf als beim Korundrohr [10].

Zur Verbesserung des Rauschverhaltens existieren allerdings zwei verschiedene Ansichten. Die durch *Schöneich* angestellten Untersuchungen ergaben zunächst ein besseres Rauschverhalten bei der Stabkonstruktion, wobei allerdings zwischen einer Stabkonstruktion mit und einer Rohrkonstruktion ohne Schwingungsdämpfung verglichen wurde (Abbildung 2.8) [6].

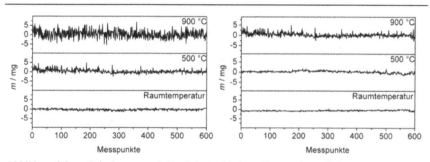

Abbildung 2.8: Schwingungsverhalten bei verschiedenen Temperaturen, links: Rohrkonstruktion ohne Schwingungsdämpfung, rechts: Stabkonstruktion mit Schwingungsdämpfung [6]

Bei *Gerasch* konnte dies wiederum nicht bestätigt werden, wobei sein experimenteller Aufbau sich von *Schöneich*'s dadurch unterschied, dass beide Konstruktionen entkoppelt waren. Hier wurde ein deutlich schlechteres Schwingungsverhalten für die Stabkonstruktion festgestellt (Abbildung 2.9).

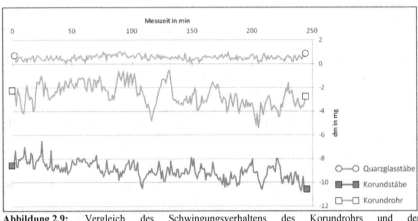

Abbildung 2.9: Vergleich des Schwingungsverhaltens des Korundrohrs und der Stabkonstruktionen bei Raumtemperatur

Die Schwingungen der Konstruktionen werden zum einen durch Vibrationen innerhalb des Gebäudes verursacht, die allerdings weitestgehend durch die Entkoppelung des Aufbaus verhindert werden sollte. Zum anderen wird vor allem aufgrund der deutlichen Temperaturabhängigkeit der Schwingung (Abbildung 2.8) die Konvektion von Luft durch den Ofen als Ursache in Betracht gezogen, da mit steigender Ofentemperatur eine höhere Schwingung einhergeht. Eine direkte Erklärung lässt sich für die Anfälligkeit der beiden Konzepte nicht finden. Zum einen bietet die voluminösere Rohrkonstruktion gegenüber der Stabkonstruktion der Luftbewegung eine höhere Angriffsfläche, allerdings ist letztere aufgrund ihrer geringen Masse einfacher in Schwingung zu versetzen [6, 10].

Eine weitere von *Schöneich* vorgeschlagene Optimierung der HTGW beinhaltet die Kopplung mit einem DTA-Signal. Dazu werden bei der Stabkonstruktion unterhalb der Ampulle zwei Thermoelemente angebracht (Abbildung 2.10).

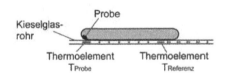

Abbildung 2.10: Schematische Darstellung des von *Schöneich* vorgeschlagenen Konzepts zur Kopplung mit einem DTA-Signal [6]

Dabei erfasst das Thermoelement auf der Seite des Bodenkörpers durch Reaktionen oder Phasenübergänge auftretende thermische Effekte, wobei das zweite Thermoelement auf der anderen Seite der Ampulle als Referenz dient. Die Anwendung dieser unterstützenden Technik steigert den Informationsgehalt der Messung. Des Weiteren dient es als Lösung eines von *Schöneich* aufgezeigten Problems. Da die im Ofen herrschende Temperatur und die der Probe doch eine beträchtliche Differenz aufweisen, hilft die Kopplung mit einem DTA-Signal die Probentemperatur genauer zu bestimmen [6].

2.5 Das System Ge-I

Das System Germanium-Iod wurde in der Vergangenheit bereits häufig untersucht. Die existierenden Bodenkörper- und Gasphasenspezies sind bekannt und ihre Stoffdaten weitgehend konsistent. Es eignet sich daher in besonderer Weise als Bezugsystem für die Etablierung der HTGW als Methode zur Untersuchung von heterogenen Bodenkörper-Gasphasen-Gleichgewichten.
In der Literatur werden zwei Iodide des Germaniums beschrieben. Zum einen existiert das Germanium(II)-Iodid (GeI_2), das bei Raumtemperatur orangegelbe Kristalle bildet und bei 448 °C schmilzt und zum anderen das Germanium(IV)-Iodid (GeI_4), welches als orangeroter Feststoff auskristallisiert und sich bei 146 °C verflüssigt [3]. Zum Übergang der Germaniumiodide in die Gasphase wurden bereits 1983 Untersuchungen durch *Oppermann* angestellt. Dieser bestimmte mittels Druckmessungen Daten für die Verdampfung und die Zersetzung von GeI_2 und GeI_4. Beim Übergang von GeI_4 in die Gasphase sind dabei folgende Prozesse und Reaktionen möglich:

$$GeI_4(l) \rightleftharpoons GeI_4(g) \tag{2.24}$$

$$GeI_4(g) \rightleftharpoons GeI_2(g) + I_2(g) \tag{2.25}$$

Laut *Oppermann* ist der dabei gemessene Zersetzungsdruck von I_2 bzw. GeI_2 am Siedepunkt von GeI_4 (356 °C) mit unter 10^{-3} atm so gering, dass der Übergang in die Gasphase praktisch zersetzungsfrei von statten geht und somit die Verdampfung (Gleichung 2.24) das dominierende Gleichgewicht darstellt [11].

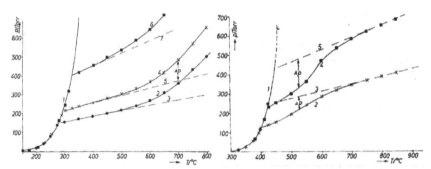

Abbildung 2.11: Gesamtdruck von verschiedenen Mengen an Bodenkörper, links: über GeI₄, rechts: über GeI₂ nach *Oppermann* [11]

Ab 450 °C ist eine deutliche Drucksteigerung (Abbildung 2.11 links) über die reguläre Gasausdehnung von GeI_4, unabhängig von der vorgegebenen Menge an GeI_4 im Bodenkörper, hinaus festzustellen. Der Druckverlauf ist dabei so zu interpretieren, dass mit steigender Temperatur das Zersetzungsgleichgewicht von GeI_4 zu GeI_2 und I_2 (Gleichung 2.25) zunehmend Einfluss auf die Zusammensetzung der Gasphase hat und somit die Partialdrücke an GeI_2 und I_2 steigen. Desweiteren ist die in diesen Temperaturbereich einsetzende Dissoziation von I_2 zum atomaren Iod bereits messbar [11].

Für GeI_2 Als Bodenkörper werden folgende Reaktionen und Prozesse beschreiben:

$$GeI_2(s) \rightleftharpoons GeI_2(g) \tag{2.26}$$

$$2\,GeI_2(s) \rightleftharpoons GeI_4(g) + Ge(s) \tag{2.27}$$

$$GeI_4(g) + Ge(s) \rightleftharpoons 2\,GeI_2(g) \tag{2.28}$$

Dabei ergaben die Druckmessungen von *Oppermann*, dass bei Vorlage von GeI_2 als Bodenkörper oberhalb von 300 °C vornehmlich die Zersetzungsreaktion (Gleichung 2.27) dominiert (Abbildung 2.10 rechts, Kurve 2 u. 4). Eine Bestimmung des Sublimationsdruckes von GeI_2 ist somit nur möglich, wenn die Gasphase bereits mit GeI_4 gesättigt ist. Die zusätzliche Drucksteigerung über den GeI_4 hinaus ist gasförmigem GeI_2 zuzuschreiben. Daher kann davon ausgegangen werden, dass unabhängig vom Bodenkörper die Gasphase zunächst mit GeI_4 gesättigt wird, wobei man bei Erhöhung der Temperatur weiter in den Existenzbereich von $GeI_2(g)$ eindringt [11].

Werden GeI_2 bzw. GeI_4 und reines Germanium im Bodenkörper vorgegeben, verläuft unabhängig vom Bodenkörper der Gesamtdruck entlang der Sättigungslinie (Abbildung 2.10 rechts, Kurve 2 u. 4). Beim Abknickpunkt von der Sättigungslinie liegen in der Gasphase $GeI_4(g)$ und $GeI_2(g)$ vor. Steht im Bodenkörper noch reines Germanium zur Verfügung, stellt sich zwischen diesem und der Gasphase zusätzlich noch das Gleichgewicht 2.28 ein. So steigt bei höheren Temperaturen der Partialdruck an $GeI_2(g)$ weiter an, bis dieser schließlich das Doppelte des maximal (bezüglich der Bodenkörpermenge) möglichen Druckes an $GeI_4(g)$ erreicht. Nach *Oppermann* ergeben sich angesichts der Druckverläufe die in Tabelle 2.1 angegebenen Bildungsenthalpien und Standardentropien der Bodenkörper- und Gasphasenspezies im System Ge-I [11].

Tabelle 2.1: Bildungsenthalpien und Standardentropien der Bodenkörper- und Gasphasenspezies im System Ge-I bei 298 K nach *Oppermann* [11]

Stoff	Bildungsenthalpie [kJ/mol]	Standardentropie [J/(K·mol)]
$GeI_2(s)$	-92,0	146,5
$GeI_2(g)$	51,0	334,0
$GeI_4(s)$	-152,3	256,5
$GeI_4(l)$	-135,6	308,8
$GeI_4(g)$	-67,8	428,9

Ausgehend von diesen Erkenntnissen wurden erste Untersuchungen zu diesem Stoffsystems mittels Hochtemperaturgasphasenwaage durch *Hohlfeld* [9] durchgeführt. Dabei wurde der Verlauf des Druckes an entstehenden Gasspezies in Abhängigkeit von der Temperatur bei verschiedenen Bodenkörper-zusammensetzungen untersucht. Werden 31,2 mg Germanium und 108,7 mg Iod vorgelegt, sind im Druckverlauf drei Anstiege zu beobachten (Abbildung 2.12). Dabei wurden über thermodynamische Berechnungen (über die TRAGMIN-Software) die theoretischen Druckkurven für die einzelnen in Frage kommenden Gasspezies ermittelt und mit den gemessenen Verläufen verglichen.

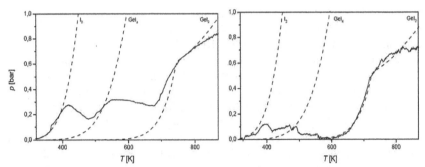

Abbildung 2.12: Gesamtdruck über Bodenkörpern aus Germanium und Iod, links: 31,2 mg Ge und 108,7 mg I_2, rechts: 622,5 mg Ge und 108,7 mg I_2 [9]

Dadurch lassen sich die einzelnen Anstiege den entsprechenden Gasspezies und den somit vorherrschenden chemischen Gleichgewichten zuordnen. Der erste Anstieg (330 – 410 K) gilt dabei der Sublimation des Iods. Das anschließende Abfallen des Druckes ist auf eine Reaktion des in der Gasphase befindlichen Iods mit dem Germanium im Bodenkörper nach Gleichung 2.29 zurückzuführen.

$$2\ I_2(g) + Ge(s) \rightarrow GeI_4(l) \tag{2.29}$$

Der zweite zu beobachtende Anstieg (490 – 550 K) ist der Verdampfung von GeI_4 zuzuordnen, wobei diese bereits einsetzt, bevor das gesamte Iod abreagiert ist. Mit weiter steigender Temperatur (ab 550 K) beginnt der Druck wieder leicht zu sinken. Hierbei kommt es zur Entstehung von festem GeI_2, wobei das gasförmige GeI_4 mit dem Germanium im Bodenkörper entsprechend Gleichung 2.27 reagiert. Bei Vorlage von 622,5 mg Germanium und der oben beschriebenen Menge Iod im Bodenkörper fallen die ersten beiden Druckanstiege deutlich kleiner aus (Abbildung 2.12). Es wird davon ausgegangen, dass unter diesen Umständen kein GeI_4 in der Gasphase existiert. Kleine Mengen an entstehendem gasförmigen GeI_4 würden sofort mit dem Germanium im Bodenkörper reagieren, weshalb der zweite Druckanstieg, der der Verdampfung von GeI_4 gilt, nahezu nicht vorhanden ist. Der dritte Druckanstieg gilt einer Kombination verschiedener chemischer Gleichgewichte zwischen Gasphase und Bodenkörper (Gleichungen 2.25, 2.26, 2.28), die bereits oben erwähnt wurden. Daher zeigt sich hier ein anderer Druckverlauf, als es bei der bloßen Sublimation von GeI_2 zu erwarten wäre. Von 600 bis 720 K verläuft der Druck entsprechend der von *Oppermann* beschriebenen Zersetzung von GeI_2 entsprechend Gleichung 2.27.

Die Änderung des Anstiegs ab 720 K lässt darauf schließen, dass sich das Gleichgewicht zwischen gasförmigem GeI_4, gasförmigem GeI_2 und dem Germanium im Bodenkörper entsprechen Gleichung 2.28 stärker in den Vordergrund drängt und somit zu einer weiteren Drucksteigerung führt, obwohl an diesem Punkt der Sättigungsbereich des GeI_4 verlassen wurde [9]. Aus diesen Voruntersuchungen ließen sich die Bedingungen für einen chemischen Transport von Germanium mit Iod ableiten. Da ab einer Temperatur von ca. 700 K das Gleichgewicht 2.28 einen großen Einfluss hat, ist dieser Temperaturbereich prädestiniert für einen erfolgreichen Transport von Germanium. Durch Transportversuche in Bereichen von 660 bis 710 K und 600 bis 650 K konnte dies bestätigt werden. Während von 710 nach 660 K Germanium transportiert wird, scheidet sich von 650 nach 600 K lediglich festes Germanium(II)-Iodid ab [9].

2.6 Das System Ge-Te-I

Wird das System Ge-I um die Komponente Tellur erweitert, müssen weitere mögliche Spezies innerhalb des Bodenkörpers und der Gasphase betrachtet werden. So wurden bereits mehrere kondensierte und gasförmige Verbindungen zwischen Tellur und Iod sowie zwischen Germanium und Tellur in Publikationen bestätigt. Im Bodenkörper konnten dabei die Verbindungen $TeI(s)$, $TeI_4(s, l)$ [3] und $GeTe(s, l)$ [12] sowie in der Gasphase $TeI_2(g)$, $TeI_4(g)$ [13], $GeTe(g)$ und $GeTe_2(g)$ [14] nachgewiesen werden. Eine eingehende Untersuchung des Systems Ge-Te-I wird durch *Bosholm* [15] geliefert. Dieser zeigte durch seine Gesamtdruckmessungen von GeI_4 über einem GeTe-Bodenkörper die Anwesenheit von $TeI_2(g)$, dessen Existenz neben $TeI_4(g)$ bereits vorher von *Oppermann* nachgewiesen wurde. Oberhalb des Sättigungsbereiches von GeI_4 tritt eine erhebliche Drucksteigerung auf (Abbildung 2.13, Kurve 3), die neben der oben bereits erwähnten Zersetzung von GeI_4 (nach Gleichung 2.25) auf eine Reaktion mit dem GeTe-Bodenkörper nach Gleichung 2.30 schließen lässt.

$$GeTe(s) + 2\,GeI_4(g) \rightleftharpoons 3\,GeI_2(g) + TeI_2(g) \qquad\qquad (2.30)$$

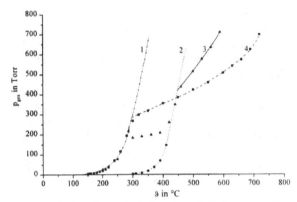

Abbildung 2.13:   Gesamtdruck über einem Bodenkörper aus: 3
GeTe und GeI$_4$, 4 GeI$_4$; 1 Sättigungsdruck von GeI$_4$, 2 Sättigungsdruck
von GeI$_2$ [15]

Auch hier wurde ausgehend von Gleichung 2.30 der Temperaturbereich für einen chemischen Transport auf 700 bis 500 °C und bei niedrigen Transportmitteldrücken bis 400 °C festgelegt und der Transport erfolgreich durchgeführt [15].

3 Methoden

3.1 Handhabung der HTGW

Zur Vorbereitung der Messungen wurde die Ampulle auf dem linken Ende des Hebelarms platziert. Da jede Ampulle eine unterschiedliche Masse aufwies, war es erforderlich vor jeder Messung die Position der verschiebbaren Gegengewichte auf der rechten Seite des Hebelarms von Hand so einzustellen, dass die Waage einen Messwert von mindestens 1500 mg im Falle des Korundrohrs bzw. 400 mg im Falle des Quarzrohrs anzeigte. Abschließend wird der Ofen so positioniert, dass sich die Ampulle mittig in diesem befindet.

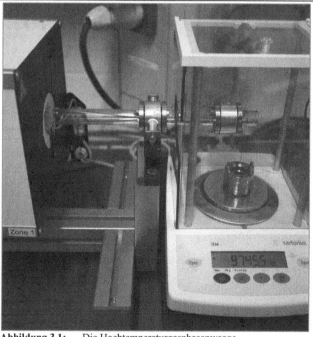

Abbildung 3.1:   Die Hochtemperaturgasphasenwaage

Für die Steuerung des Ofens sowie die Messwerterfassung und -speicherung diente eine vom *ILK Dresden* entwickelte Software (Abbildung 3.1). Diese speicherte jede Minute die von der Analysenwaage registrierte Masse auf 0,1 mg genau sowie die Temperaturen der beiden Zonen des Ofens auf 10^{-6} °C genau.

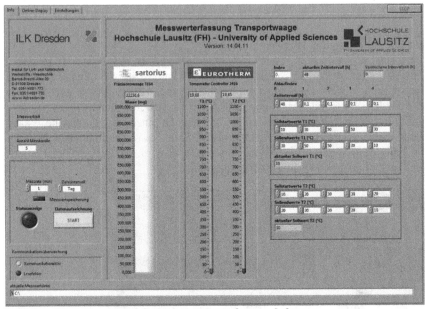

Abbildung 3.2:   Benutzeroberfläche der Messwerterfassungs-Software

Aus dem Aufbau der HTGW im Rahmen dieser Arbeit ergeben sich bezogen auf Abbildung 2.2 für r_2 116 mm. Ausgehend davon wurde für die verwendeten Ampullen ein Länge 232 mm gewählt. Da Δr_{Gas} die Hälfte der Ampullenlänge beträgt, ergibt sich für Gleichung 2.12:

$$\Delta m_{Gas} = \frac{116\ mm}{116\ mm} \cdot \Delta m_{Messung} = \Delta m_{Messung} \tag{3.1}$$

Daher muss bei der Überführung von $\Delta m_{Messung}$ in Δm_{Gas} kein Umrechnungsfaktor berücksichtigt werden.

3.2 Ampullentechnik

Für die Untersuchung der Stoffsysteme im geschlossenen System, also in zugeschmolzenen Ampullen aus Quarzglas, werden Quarzglasrohre mit einem Durchmesser von 16 mm und einer Wandstärke von 0,5 mm auf eine definierte Länge zugesägt, einseitig mit einem Knallgasbrenner zugeschmolzen und ausgehend von diesem Ende nach 232 mm mit einer Einengung versehen. Die so gefertigte Roh-Ampulle wird zunächst unter Vakuum ausgeheizt, um an der Quarzglasoberfläche gebundenes und adsorbiertes Wasser zu entfernen. Nach Auskühlen der Roh-Ampulle wird diese mit den zu untersuchenden Stoffen befüllt, erneut evakuiert und im Anschluss an der Einengung zugeschmolzen. Der in der Ampulle zur Verfügung stehende Gasraum hat somit ein Volumen von ca. 0,0357 l.

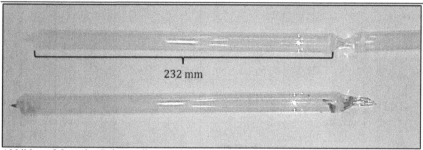

Abbildung 3.3:   im Rahmen dieser Arbeit verwendete Ampullen, oben: Roh-Ampulle, unten: fertige Ampulle gefüllt mit Iod

3.3 Bestimmung der Partialdrücke über *TRAGMIN 5.0*

Das Programm *TRAGMIN* dient zur thermodynamischen Betrachtung von Gasphasen-Bodenkörper-Gleichgewichten und somit der Vorhersage von Partialdrücken einzelner Gasspezies im untersuchten Stoffsystem. Die mathematische Grundlage hierfür ist die Minimierung der freien Enthalpie nach Eriksson [16]. Weiterhin ermöglich TRAGMIN die Modellierung von chemischen Transporten, das heißt die Bestimmung von Gasphasenlöslichkeiten, Transportwirksamkeiten und Transportraten innerhalb definierter Temperaturbereiche. Im Rahmen der vorliegenden Arbeit wird das Programm allerdings nur für die Berechnung von Partialdrücken zu Vergleichszwecken verwendet. Unabdingbar ist dabei allerdings die Kenntnis der Standardbildungsenthalpien ($\Delta H°_{B,298}$) und –entropien ($S°_{298}$) sowie der Wärmekapazitäten ($C_p(T)$) sämtlicher relevanter Bodenkörper und

Gasphasenspezies. Die bekannten Stoffdaten werden über die Datenbankfunktion von TRAGMIN eingetragen und somit für das Programm nutzbar gemacht. Weitere wichtige Parameter sind der zur Verfügung stehende Gasraum (also das Volumen innerhalb der Ampulle), sowie die Stoffmengen der einzelnen Elemente innerhalb des vorgelegten Bodenkörpers.

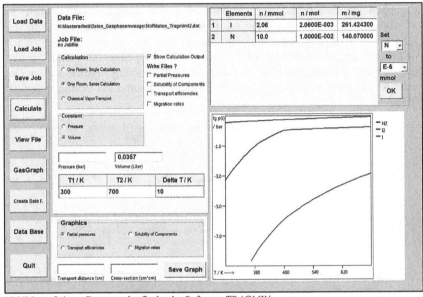

Abbildung 3.4:   Benutzeroberfläche der Software *TRAGMIN*

Anzumerken ist allerdings, dass hier die Partialdrücke nicht innerhalb einer evakuierten sondern in einer mit Schutzgas (in diesem Fall Stickstoff) gefüllten Ampulle berechnet werden.

Für die in *TRAGMIN* einzutragenden Stoffmengen der Elemente wurden die Einwaagen des jeweiligen Stoffes aus den Untersuchungen zum System Ge-Te-I verwendet. Die genutzten Stoffdaten sind in der Tabelle A.9 im Anhang hinterlegt.

3.4 Erfassung des Luftdrucks

Der Luftdruck in der Umgebung wurde während den Messungen mit der HTGW mit Hilfe des Datenloggers *MSR 145* der Firma *MSR Electronics GmbH* auf 0,1 hPa genau und mit einem Messwert pro Minute aufgenommen.

Abbildung 3.5:   Der Datenlogger MSR 145

Der Datenlogger ist dabei über eine USB-Schnittstelle mit einem PC verbunden. Das mitgelieferte Software-Paket ermöglichte die Konfiguration des Datenloggers sowie das Auslesen und Speichern der gesammelten Daten.

3.5 Identifizierung von Feststoffen über Pulverdiffraktometrie

Die Identifizierung der in der Ampulle befindlichen Feststoffe wurde über die Röntgenbeugung realisiert. Dazu stand das Pulverdiffraktometer *D2-PHASER* der Firma *Bruker Corporation* mit *LYNXEYE™*-Detektor zur Verfügung. Für die Aufnahme der Diffraktogramme wurde Cu-Kα-Strahlung verwendet. Die Auswertung erfolgte über die von *Bruker* mitgelieferte Software *Diffrac.Eva*. Die Identifizierung der Verbindungen innerhalb Probe erfolgte über einen Abgleich der registrierten Reflexlagen mit Referenz-Diffraktogrammen aus einer Bibliothek.

4 Optimierung der HTGW

Dieser Themenkomplex liefert in erster Linie eine Dokumentation über die schrittweise Optimierung der HTGW ausgehend von dem von Gerasch bereits verwendeten Aufbau. Um optimale und weitgehend störungsfreie Messergebnisse zu erhalten, wird im Folgenden auf drei Kriterien besonders Wert gelegt:

- Ein reproduzierbarer und störungsfreier Kurvenverlauf während der Aufheizphasen
- möglichst geringes „Rauschen"
- die Verminderung oder Beseitigung der Drift in den isothermen Bereichen

Diese Punkte sollen als grundlegender Bewertungsmaßstab für den Vergleich einzelner Bauteile untereinander sowie für die Auswahl von Parametern, wie Aufheizraten oder die Einstellung des Gegengewichtes, dienen.

4.1 Einflussgrößen und Parameter

Im Zuge der Verbesserung des Versuchsaufbaus war es zunächst notwendig, mögliche Fehlerquellen und störende Effekte, die zunächst nur vermutet wurden, nachzuweisen und deren Ausmaß zu verdeutlichen. Weiterhin sollte auch der Einfluss ausgewählter Parameter untersucht werden. Dazu wurden Versuche zu diesen Themen angestellt:

- Einfluss des Luftdrucks der Umgebung
- Abstrahlung des Ofens auf die Analysenwaage
- Wahl der Aufheizrate
- Einstellung des Gegengewichtes
- Einfluss der Ampulle

4.1.1 Einfluss des Luftdrucks

Mit der von *Schöneich* [6] und *Gerasch* [10] bereits diskutierten Schwingungsentkopplung der Analysenwaage wurde bereits eine wichtige Störgröße, die Übertragung der Gebäudeschwingung auf die Waage, beseitigt. Für ein optimales Messergebnis dürfen jedoch auch andere mögliche Störgrößen nicht außer Acht gelassen werden. Bei der Betrachtung von Einflussgrößen auf gravimetrische Methoden ist besonders der Auftrieb von entscheidender Bedeutung. Wie bereits in Kapitel 2.3 erläutert, darf dieser auch für die Hochtemperaturgasphasenwaage nicht vernachlässigt werden. Wie in Gleichung 2.18 gezeigt, spielt für den Auftrieb nicht nur die Temperatur sondern auch die Luftdichte eine wichtige Rolle. Im Zuge dieser Überlegung wurde der Einfluss des Luftdrucks auf das Messergebnis der Analysenwaage untersucht (siehe Abbildung 4.1). Dazu wurden Hebelarm und Stempel entfernt und die Waagschale mit einem Gewicht aus Metall beschwert. Dabei wurde der Messwert der Waage sowie der Luftdruck über einen Zeitraum von 48 h registriert. Deutlich sichtbar ist hier die Abnahme der Masse sowie des Luftdrucks. Es zeigt sich hier also ein Zusammenhang zwischen dem Messergebnis der Waage und dem Luftdruck.

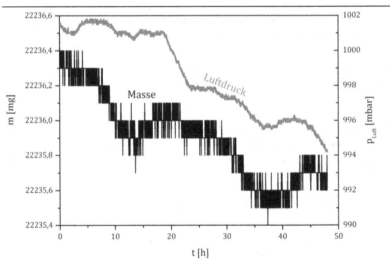

Abbildung 4.1:   Messergebnis der Analysenwaage und des Luftdrucks über 48 h

Die Temperatur zeigt über den gesamten Zeitraum keine nennenswerte Änderung und kann somit ebenfalls nicht als Erklärung für das beobachte Driften der Masse dienen. Ein innerhalb des Experiments noch nicht betrachteter Parameter ist die Luftfeuchte, welche neben dem Luftdruck ebenfalls einen Einfluss auf die Luftdichte und somit auf den Auftrieb des Wägeguts hat. Eine direkte Korrektur des Messergebnisses kann also erst dann erfolgen, wenn alle drei Parameter zugänglich gemacht wurden. Allerdings sollte nach Gleichung 2.18 ein sinkender Luftdruck zu einer verringerten Auftriebskraft und somit zu erhöhten Messwerten auf der Analysenwaage führen. In welcher Weise der Luftdruck die Waage beeinflusst ist an dieser Stelle also noch unklar. Da nicht nur Luftdruckänderungen sondern auch Temperaturschwankungen der Umgebung die Analysenwaage empfindlich beeinflussen können, wurde die Umgebungstemperatur ebenfalls registriert (Abbildung 4.2).

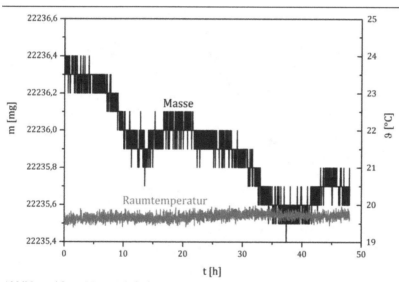

Abbildung 4.2:   Messergebnis der Analysenwaage und der Umgebungstemperatur über 48 h

Für im Rahmen dieser Arbeit übliche Messergebnisse für Δm_{Gas} von 100 bis 400 mg können Schwankungen dieser Größenordnung vernachlässigt werden. Der Luftdruck soll trotzdem weiterhin als mögliche Einflussgröße betrachtet werden, da die Auswirkungen von Luftdruckschwankungen auf den gesamten Aufbau an dieser Stelle noch nicht abzusehen ist.

4.1.2 Einfluss der Abstrahlung des Ofens

Da Analysenwaagen anfällig gegenüber Temperaturschwankungen und Luftbewegungen sind, soll der Einfluss der vom Ofen abgestrahlten Wärme sowie der durch den Ofen erzeugte Konvektion auf die Analysenwaage untersucht werden. Auch hier wurden Hebelarm und Stempel entfernt, die Waagschale mit besagtem Metallgewicht belastet, der Ofen in einem Abstand von 16 cm vor der Waage positioniert und die Masse sowie der Luftdruck über einen Zeitraum von 37 h registriert. In Abbildung 4.3 ist das Messergebnis der Waage mit dem Verlauf des Temperaturprogramms (Tabelle A.1) dargestellt.

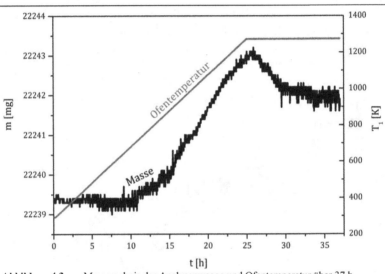

Abbildung 4.3:   Messergebnis der Analysenwaage und Ofentemperatur über 37 h

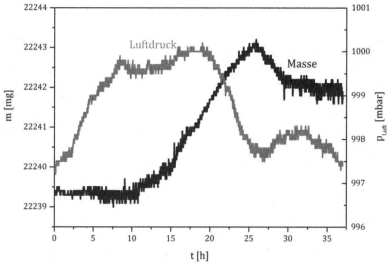

Abbildung 4.4: Messergebnis der Analysenwaage und Luftdruck über 37 h

Zu Beginn des Temperaturprogramms bis zu einer Temperatur von ca. 680 K bleibt die Masse relativ konstant, wobei mit zunehmender Ofentemperatur das Signalrauschen deutlich zunimmt. Ab 680 K steigt die Masse, bis sie beim Verlassen der Aufheizphase ihr Maximum erreicht und anschließend wieder fällt. Auch wenn im vorhergehenden Versuch kein direkter Zusammenhang zwischen Luftdruck und Messwertschwankungen festgestellt werden konnte, sollte dessen Einfluss an dieser Stelle trotzdem noch einmal überprüft werden. Abbildung 4.4 zeigt allerdings keinerlei Korrelation, weswegen der Luftdruck als Ursache für die Schwankungen ausgeschlossen werden kann. Vergleicht man die hier beobachtete Schwankung von 4 mg gegenüber den 0,8 mg des vorhergehenden Versuches (Abbildung 4.1 und 4.2), muss hier von einer Beeinflussung der Analysenwaage durch den Ofen ausgegangen werden. Somit müssen ab einer Ofentemperatur von ca. 400 °C deutliche Fluktuationen des Messwerts erwartet werden.

4.1.3 Einfluss der Aufheizrate

Im Zuge der Optimierung von Temperaturprogrammen ist es nötig zu erfahren, welchen Einfluss die Aufheizrate auf die Messung hat. Zum einen ist eine Zeitersparnis durchaus wünschenswert. Andererseits muss auch die Qualität der erhaltenen Messwerte gewährleistet sein. Daher wurden Leermessungen bei drei verschiedenen Aufheizraten mit jeweils zwei isothermen Bereichen bei 593 und 893 K durchgeführt (Tabelle A.2). Die HTGW war zu diesem Zweck komplett mit dem Hebelarm aus Korund, der Keilauflage im runden Lagerbock und dem Stempel aufgebaut (siehe Abbildungen 4.11 und 4.13) und mit einer Leerampulle bestückt. Dabei zeigt sich unabhängig von der Aufheizrate ein glatter weitgehend störungsfreier Kurvenverlauf (Abbildung 4.5). Desweiteren zeigen alle drei Kurven über den gesamten Temperaturbereich den gleichen Anstieg, also eine sehr gute Reproduzierbarkeit unabhängig von der Heizrate. Bei Betrachtung des isothermen Bereiches bei 593 K zeigt sich allerdings, dass nach Verlassen der Aufheizphase bei 40 und 80 K/h der Messwert rapide fällt und anschließend sich in einigen Fällen auf einen konstanten Wert einpegelt. Ein ähnliches Verhalten ist auch bei 893 K zu beobachten. Der wahrscheinlichste Grund für dieses Verhalten ist eine nachträgliche Ausdehnung des Hebelarms.

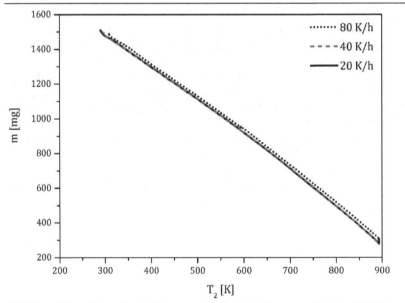

Abbildung 4.5:   Masse über die Temperatur (T$_2$) bei Aufheizraten von 20, 40 und 80 K/h

Da Korund mit 25 W/(m·K) nur eine geringe Wärmeleitfähigkeit besitzt, verteilt sich die vom Ofen abgegebene Wärme nur langsam. Daraus resultiert eine verzögerte thermische Längenausdehnung des Hebelarms nach Verlassen der Aufheizphase. Mit höheren Aufheizraten sollte dieser Effekt also verstärkt auftreten, was im isothermen Bereich bei 593 K auch sichtbar ist.

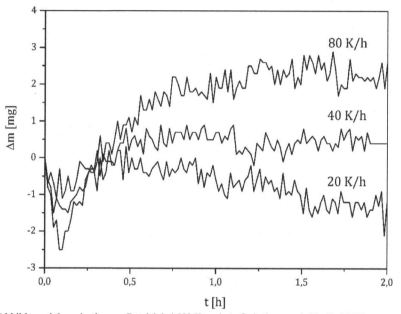

Abbildung 4.6:   isothermer Bereich bei 593 K nach Aufheizphasen mit 20, 40, 80 K/h

Für die Untersuchung von Stoffsystemen erweist es sich also als vorteilhaft, eine geringere Aufheizrate von 20 K/h oder weniger zu wählen. Außerdem dürfen bei der Wahl der Aufheizrate kinetische Effekte nicht außer Acht gelassen werden. So kann bei zu hohen Heizraten die Gefahr bestehen, dass z.B. bei der Untersuchung von heterogenen Gleichgewichtsreaktionen das chemische Gleichgewicht nicht vollständig eingestellt ist und somit fehlerhafte Messwerte produziert werden.

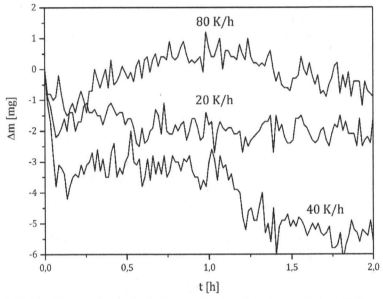

Abbildung 4.7:   isothermer Bereich bei 893 K nach Aufheizphasen mit 20, 40, 80 K/h

An dieser Stelle können bereits Aussagen über das Rauschverhalten der Messwerte getroffen werden. Bei einer Temperatur von 593 K ist ein Signalrauschen von ca. ±0,5 bis ±0,6 mg und bei 893 K von ca. ±0,6 mg bis ±0,7 mg zu beobachten. Die Erhöhung des Signalrauschens steigt mit zunehmender Temperatur also in geringerem Maße als es durch *Schöneich* beobachtet wurde. Die Steigerung ist in erster Linie auf das Schwingen des Hebelarms zurückzuführen. Ist der Ofen nicht in Betrieb, versetzt nur die Luftbewegung der Umgebung den Hebelarm in Schwingung. Mit steigender Ofentemperatur entstehen durch den Temperaturunterschied zwischen Ofen und Umgebung bzw. durch den Temperaturgradienten innerhalb des Ofens Konvektionsströme, die den Hebelarm in Schwingung versetzen. Generell konnte hier gegenüber der Stabkonstruktion von *Schöneich* (±1 bis ±2 mg bei Raumtemperatur [6]) ein geringeres Signalrauschen erzielt werden, was auch bereits durch *Gerasch* (±0,3 mg bei Raumtemperatur [10]) erreicht wurde. An dieser Stelle zeigt sich also ein deutlicher Vorteil gegenüber der Stabkonstruktion.

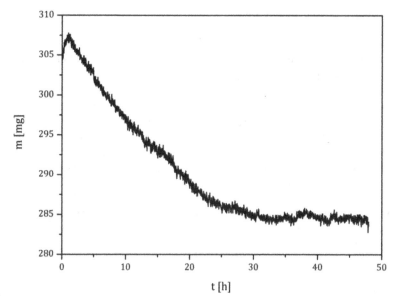

Abbildung 4.8: Masse im isothermen Bereich bei 893 K nach einer Aufheizrate von 80 K/h

Da in vorhergehenden Versuchen die äußeren Einflüsse nur für die Analysenwaage untersucht wurden, soll nun auch für den vollständigen Aufbau der HTGW ein isothermer Bereich über einen längeren Zeitraum als 2 h betrachtet werden. Dazu wurde für eine Heizrate von 80 K/h der isotherme Bereich bei 893 K auf 48 h ausgedehnt. Dabei ist ein deutlicher Abfall der Masse über einen Zeitraum von 30 h zu beobachten. Die Masse fällt in diesem Zeitraum um ca. 20 mg, was bezogen auf das Verhältnis zu den vorher beobachteten Schwankungen, einen neue Größenordnung darstellt. Dies ist durch die bisher betrachteten Einflussgrößen nicht zu erklären. Da der Versuchsaufbau nun vollständig ist, kommen zusätzliche Störungen in Frage. Zum einen bietet der gesamte Aufbau, besonders der Hebelarm, Einflüssen aus der Umgebung eine größere Angriffsfläche. Zum anderen können sich durch die neu hinzugekommenen Bauteile weitere Fehlerquellen ergeben.

Diese Drift der Messwerte innerhalb der isothermen Bereiche verdeutlicht den möglichen Fehlerbereich der Messungen. Abweichungen in dieser Größenordnung stellen eine Einschränkung der Reproduzierbarkeit der Aufheizphasen dar. Die Untergrundkorrektur über eine Leermessung ist dadurch nicht mehr zuverlässig.

4.1.4 Einfluss des Gegengewichtes

An dieser Stelle soll der Einfluss der rechtsseitigen Belastung des Hebelarms durch die Gegengewichte, also der Startwert für $m_{Messung}$, diskutiert werden. Zum einen soll generell eine Aussage darüber getroffen werden, ob die Erhöhung dieser Belastung der Messung abträglich ist oder nicht. Zum anderen ist es aufgrund der manuellen Justierung des Gegengewichtes schwierig, für jede Messung denselben Startwert auf 100 mg genau einzustellen. Zur Bewertung des Einflusses der rechtsseitigen Belastung wurde die Masse über eine konstante Aufheizphase (Tabelle A.3) mit Startwerten in den Größenordnungen von 1500, 2500 und 3500 mg erfasst und als Differenz zwischen dem Messwert bei der Temperatur T und dem Startwert bei 293 K in Abbildung 4.6 dargestellt. Dabei zeigt sich, dass die Einstellung des Gegengewichtes in diesen Größenordnungen nur einen geringen Einfluss hat. Erst bei einem Startwert von 3500 mg und ab einer Temperatur von 800 K sind erste Störungen in Form von sprunghaften Messwertänderungen zu beobachten.

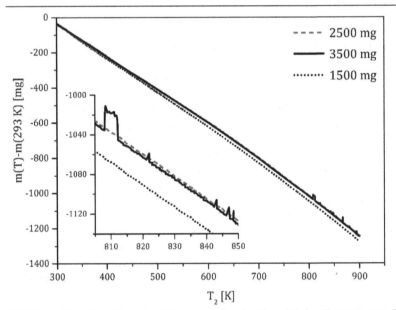

Abbildung 4.9:   Darstellung der Differenz zwischen der Masse bei einer Temperatur von T und dem Startwert bei 293 K über die Temperatur bei Startwerten von ca. 1500, 2500 und 3500 mg, mit Vergrößerung des Diagramms im Bereich von 805 bis 850 K

In der Vergrößerung ist zu erkennen, dass diese Werte von bis zu 20 mg annehmen, was im Vergleich zu den im Rahmen dieser Arbeit erhaltenen Maximalwerte für Δm_{Gas} von ca. 250 bis 350 mg (siehe Kapitel 5.2) eine erhebliche Störung darstellt. Desweitern ist zwischen den Kurven für Startwerte von 1500 und 2500 mg eine Änderung des Anstiegs festzustellen. Da dies zwischen den Masseverläufen von 2500 und 3500 mg nicht der Fall ist, kann die Erhöhung des Gegengewichtes nicht als Grund dafür gesehen werden. Der Startwert sollte trotzdem zur Vermeidung von Störungen so niedrig wie möglich gehalten werden, wobei für das Korundrohr mindestens 1500 mg eingestellt werden müssen.

4.1.5 Einfluss der Ampulle

Da während der Untersuchung von Stoffsystemen die Ampulle befüllt ist und somit die Masse der Ampulle ständig eine andere ist, soll an dieser Stelle die Auswirkung der Gesamtmasse der Ampulle bzw. von definierten Stoffmengen in der Ampulle auf den Kurvenverlauf überprüft werden. Dazu wurden die Masseänderungen der Leerampulle und von mit ca. 200, 400, 600 mg Korundpulver befüllten Ampullen untereinander verglichen. Der Korund wurde zuvor ausgeheizt und sollte während der Messung keine thermischen Effekte zeigen. Als Temperaturprogramm wurde eine Aufheizphase über 34 h verwendet. Die eingesetzten Mengen an Korund sowie die Gesamtmassen der Ampullen sind in Tabelle 4.1 aufgeführt.

Tabelle 4.1: Korundeinwaage und Gesamtmassen der verwendeten Ampullen

Versuch	$m_{Al_2O_3}$ [mg]	$m_{Ampulle}$ [g]
Leerampulle	-	21,4227
200 mg Korund	204,8	21,5911
400 mg Korund	403,6	22,1940
600 mg Korund	601,8	22,0350

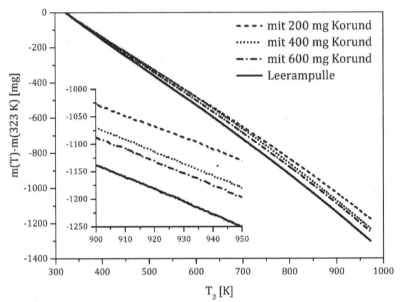

Abbildung 4.10:   Differenz zwischen der Masse bei einer Temperatur von T und der Masse bei 323 K über die Temperatur der Leerampulle und von mit 200, 400, 600 mg befüllten Ampullen, mit Vergrößerung des Diagramms im Bereich von 900 bis 950 K

Abbildung 4.10 zeigt, dass sich die Anstiege der Kurven untereinander deutlich unterscheiden. Daraus resultieren, wie in der Vergrößerung zu sehen, Abweichungen von bis zu über 100 mg bei 900 K. Diese Abweichungen korrelieren allerdings weder mit der Menge an Korund noch mit der Gesamtmasse der Ampulle. Der Einfluss der Ampulle auf den Kurvenverlauf scheint an dieser Stelle komplexer, als zunächst gedacht. Betrachtet man die in Kapitel 2.3 gezeigte Anpassungsfunktion (Gleichung 2.23), beeinflusst die Ampulle den Längenausdehnungsterm B · T, also ,wie auch im Diagramm gezeigt, den Anstieg der Funktion.

Die Masseänderung in Folge der Ausdehnung beruht dabei auf der Schwerpunktverlagerung des Hebelarms und der Ampulle. Für eine korrekte Betrachtung müssen folgende Effekte beachtet werden:

- einzelne Teile des Hebelarms dehnen sich aufgrund des Temperaturgradienten mit unterschiedlichem Betrag aus
- die Distanz der Ampulle zur Auflage nimmt zu
- die Bauform und somit der Schwerpunkt der Ampulle variieren
- der Bodenkörper verlagert den Schwerpunkt der Ampulle nach links
- die Ampulle liegt nach Ausdehnung des Hebelarms nicht mehr mittig im Ofen
- die Ampulle selbst dehnt sich geringfügig aus

Eine Reproduzierbarkeit des Kurvenverlaufs mit verschiedenen Ampullen ist daher ausgeschlossen. Möchte man die Abweichung zwischen den Kurvenverläufen reduzieren, führt der einfachste Weg über eine Reduzierung der thermischen Längenausdehnung, also die Wahl eines anderen Hebelarmmaterials.

4.2 Optimierung der Versuchsanordnung der HTGW

4.2.1 Konzepte und Umsetzung

Bei Betrachtung der bereits diskutierten Resultate, besonders der beobachteten Drift (Abbildung 4.8) und der Einfluss der Ampulle auf die Aufheizphasen, werden an dieser Stelle neue Konzepte zur Wahl der Auflage und des Hebelarmmaterials vorgestellt. Bei der Wahl des Hebelarmmaterials kommt es in erster Linie auf die Temperaturbeständigkeit an. Es darf sich auch bei Temperaturen um 1000 °C nicht zersetzen, im Zuge einer Oxidation Sauerstoff aus der Atmosphäre aufnehmen oder anderweitig chemische Reaktionen eingehen. Weiterhin ist eine Reduzierung der thermischen Längenausdehnung anzustreben. Zu diesem Zweck wurde ein Hebelarm aus Kieselglas gewählt. Der Vorteil von Kieselglas ist, dass dessen thermischer Längenausdehnungskoeffizient geringer ist als der des Sinterkorunds ($\alpha_{SiO_2} = 0{,}55 \cdot 10^{-6}\ K^{-1}$, $\alpha_{Al_2O_3} = 8{,}5 \cdot 10^{-6}\ K^{-1}$). Des Weiteren hat der Hebelarm aus Kieselglas aufgrund seiner geringeren Dichte bei gleicher Bauweise eine geringere Masse (199,8 g) als das Korundrohr (344,5 g). Dadurch erzeugt das Kieselglasrohr einen wesentlich kleineren Untergrund und vermindert damit die im vorherigen Kapitel beschriebenen Effekte.

Wie bereits in Kapitel 2.4 beschrieben, liegt die Schwäche der bisher verwendeten Keilauflage in ihrer Beweglichkeit innerhalb des Lagerbocks. Besonders durch das Schwingen des Hebelarms aber auch durch Konvektionsströme und Luftbewegungen der Umgebung kann sich der Keil innerhalb des Lagerbocks kontinuierlich verschieben und somit eine Drift der Messwerte verursachen. Um die Verschiebung zu unterbinden, ist eine Fixierung der Auflage nötig. Dafür wurde der zuvor verwendete runde Lagerbock gegen einen keilförmigen ausgetauscht (Abbildung 4.11).

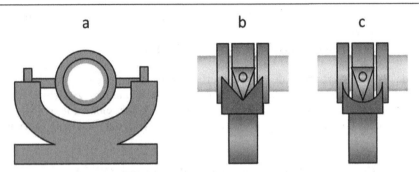

Abbildung 4.11:   skizzenhafte Darstellung der verwendeten Konzepte für die keilförmige Auflage, a: Front der Auflage und des Lagerbocks, b: keilförmige Auflage im keilförmigen Lagerbock, c: im runden Lagerbock

Ein weiterer Ansatz ist die Verwendung eines Saphirlagers. Das im Rahmen dieser Arbeit verwendete Saphirlager bestand aus einem dünnen Edelstahlstift, der in einem Hohlzylinder aus Saphir gelagert ist (Abbildung 4.12). Es wurde eigens für die HTGW von der Firma *HTM Reetz GmbH* angefertigt. Dieses Konzept findet heutzutage häufig Anwendung in Präzisionshebelwaagen und zeichnet sich durch die geringe Reibung innerhalb des Lagers sowie eine geringe Abnutzung des Materials aus. Der Hebelarm ist durch das Saphirlager fixiert und kann sich weder verschieben noch seitlich kippen.

a   b

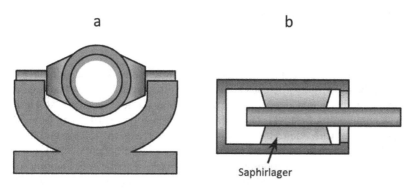

Abbildung 4.12: Skizze zum Auflagekonzept mit Saphirlager: a: Front der Auflage, b: Skizze des Saphirlagers

Eine andere Optimierungsmöglichkeit für die HTGW ist die Methode zur Kraftübertragung von Hebelarm zu Analysenwaage. Problematisch bei der bisherigen Konstruktion ist, dass der Stempel auf der Waage frei beweglich ist. Es ist also unklar, ob der Stempel während der Messung seine Position beibehält. Desweitern muss vor jeder Messung überprüft werden, ob der Stempel den Hebelarm im richtigen Abstand zur Auflage berührt. Zur Verbesserung der Kraftübertragung wird ein neues Konzept, welches auf einem am Hebelarm befestigten hängenden Gegengewicht beruht (Abbildung 4.13), vorgestellt.

a   b

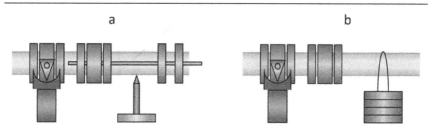

Abbildung 4.13: verwendete Methoden zur Kraftübertragung von Hebelarm zu Analysenwaage, a: über Druck, b: über Zug

Dazu wurde der Hebelarm in einem Abstand von 116 mm zur Auflage mit einer Einkerbung versehen und ein Metallgewicht über einen Kupferdraht an dieser befestigt. Durch die Einkerbung ist das Gegengewicht und somit der Punkt an dem die Kraftübertragung erfolgt fixiert. Das Gegengewicht wird auf der Waagschale abgelegt. Dabei wird die Gewichtskraft des Metallgewichtes durch die Kraft, mit der der Hebelarm dieses nach oben zieht, kompensiert.

4.2.2 Ergebnisse und Diskussion

Hebelarmmaterial:

Zum Vergleich der beiden Materialien wurde die Waage einmal mit Kieselglashebelarm bzw. dem Hebelarm aus Sinterkorund, der Keilauflage mit rundem Lagerbock und der Kraftübertragung über Druck aufgebaut sowie mit einer Leerampulle bestückt. Für das Kieselglasrohr wurde aufgrund des geringeren zu erwartenden Masseabfalls ein Startwert von ca. 450 mg und für das Korundrohr ein Startwert von ca. 1500 mg eingestellt. Für jeden Versuchsaufbau wurde ein Temperaturprogramm (Kieselglasrohr: Tabelle A.5, Korundrohr: Tabelle A.6) mit jeweils zwei Aufheizphasen und zwei isothermen Bereichen gewählt.

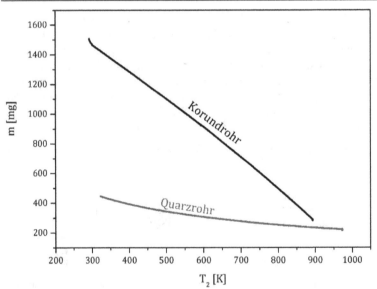

Abbildung 4.14:   registrierte Masse über die Temperatur für Versuchsanordnungen mit Hebelarmen aus Kieselglas und Sinterkorund

Abbildung 4.14 zeigt einen deutlich geringeren Masseabfall über die Temperatur für das Kieselglasrohr. Dieser beträgt weniger als 20 % verglichen zum Hebelarm aus Sinterkorund. Man erhält hier also eine deutliche Reduzierung des Untergrunds für die Untersuchung von Stoffsystem. Weiterhin ist zu beobachten, dass das die Kurven für Kieselglasrohr und Korundrohr eine gegensätzliche

Krümmung aufweisen. An dieser Stelle ist also zu diskutieren, welchen Einfluss die Krümmung der Kurve auf eine Anpassung über Gleichung 2.23 hat. Wird die Kurvenform nicht korrekt bzw. mit großen Abweichungen angepasst, kann eine erfolgreiche Untergrundkorrektur nicht gelingen. Zu diesem Zweck wurden zu beiden Versuchen eine Anpassung mit der Software *OriginPro 7.5* vorgenommen. Die Abbildungen 4.15 und 4.16 zeigen die Ergebnisse der Regression mit Gleichung 2.23.

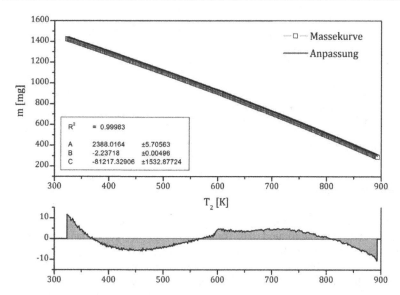

Abbildung 4.15: Ergebnis der Anpassung des Kurvenverlaufs für das Korundrohr, unten: Darstellung der Residuen

Bei Betrachtung der beiden Anpassungen besonders der Residuen (Abweichung der gemessenen Kurve zur Anpassung) zeigt sich, dass die verwendete Anpassungsfunktion für das Kieselglasrohr deutlich bessere Ergebnisse liefert. Dabei erreichen die Abweichungen der Anpassungsfunktion für das fünfmal so hohe Werte wie das Korundrohr. Da besonders in niedrigen Temperaturbereichen bereits die Iodsublimation (siehe Kapitel 5.1) einsetzt, ist kontinuierlich auftretende Abweichung von bis zu 10 mg an dieser Stelle als kritisch zu betrachten.

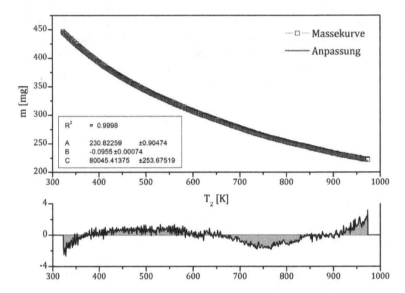

Abbildung 4.16: Ergebnis der Anpassung des Kurvenverlaufs für das Kieselglasrohr, unten: Darstellung der Residuen

Für eine weitere Beurteilung der beiden Hebelarmmaterialien müssen auch eventuelle Abweichungen und das Rauschverhalten während der isothermen Phasen betrachtet werden. In den isothermen Bereichen bei 593 bzw. 623 K sind Schwankungen von bis 5 mg für das Korundrohr und bis zu 2 mg über 20 h zu beobachten. Im Vergleich zu der oben registrierten Drift von bis zu 20 mg, bewegt sich dies noch in einem akzeptablen Bereich und ist eher auf die Abstrahlung des Ofens als auf eine kontinuierliche Verschiebung der Auflage zurückzuführen. allerdings eine geringere Masse besitzt, ist dieses leichter in Schwingung zu versetzen und zeigt daher ein schlechteres Rauschverhalten. Bei 893 bzw. 973 K treten bedeutend größere Schwankungen von bis zu 11 mg beim Kieselglasrohr auf. Das Signalrauschen des Kieselglasrohrs in den isothermen Bereichen zeigt mit ±0,75 bis ± 1,23 mg deutlich höhere Werte als das Korundrohr mit ±0,64 bis ±0,7 mg. Da beide Hebelarme nahezu baugleich sind, bieten sie der Luftbewegung der Umgebung und den Konvektionsströmen verursacht durch den Ofen die gleiche Angriffsfläche. Da das Kieselglasrohr allerdings eine geringere Masse besitzt, ist dieses leichter in Schwingung zu versetzen und zeigt daher ein schlechteres Rauschverhalten.

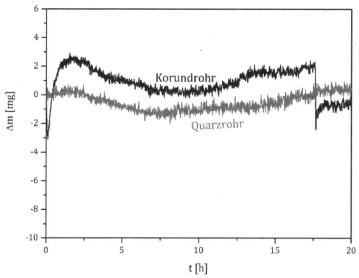

Abbildung 4.17: isotherme Bereiche für das Kieselglasrohr bei 623 K und das Korundrohr bei 593 K

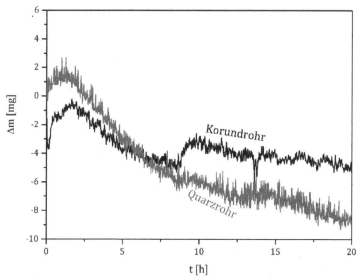

Abbildung 4.18: isotherme Bereiche für das Kieselglasrohr bei 973 K und das Korundrohr bei 893 K

Auflagekonzepte:

An dieser Stelle soll zunächst die Eignung des Saphirlagers als Auflagekonzept für die HTGW diskutiert werden. Dabei wurden Versuche sowohl mit dem Korundrohr als auch mit dem Kieselglasrohr und der Kraftübertragung über Druck durchgeführt. Die Startwert sind nach wie vor ca. 450 bzw. ca. 1500 mg

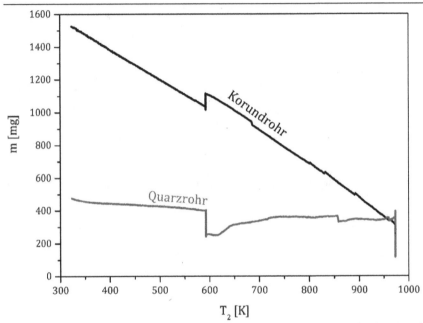

Abbildung 4.19: Masse über die Temperatur für das Korund- und das Kieselglasrohr mit Saphirlager

Da die Auswirkungen der Verschiebung der Auflage besonders in den isothermen Bereichen ersichtlich sind, wurde auch hier ein Temperaturprogramm (Tabelle A.7) mit zwei isothermen Bereichen bei 593 K und 973 K gewählt.

Bei Betrachtung der Messwerte über die Temperatur (Abbildung 4.19) zeigen sich massive Störungen. Beim Korundrohr zeigen sich während der zweiten Aufheizphase Messwertsprünge von bis zu 50 mg. Im Falle des Kieselglasrohres sind diese Störungen weitaus drastischer. Obwohl normalerweise die Masse mit zunehmender Temperatur weiter fallen sollte, zeigt sich in der zweiten Aufheizphase sogar ein Anstieg. Es lässt sich also hier kein logisch nachvollziehbarer Masseverlauf mehr erkennen.

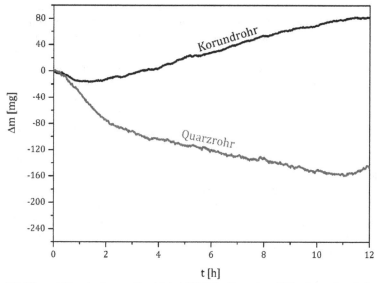

Abbildung 4.20: isothermer Bereich bei 593 K für Korund- und Kieselglasrohr mit Saphirlager

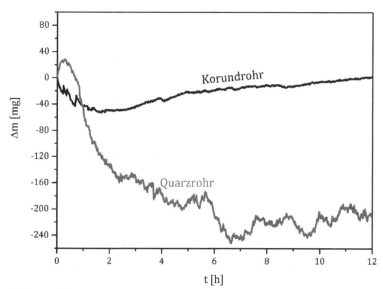

Abbildung 4.21: isothermer Bereich bei 973 K für Korund- und Kieselglasrohr mit Saphirlager

Auch in den isothermen Bereichen (Abbildungen 4.20 und 4.21) zeigen sich Abweichungen von bis zu 100 mg für das Korundrohr und bis zu 280 mg für das Kieselglasrohr. Diese Resultate sind aufgrund der Größenordnung der auftretenden Störungen nicht durch die bisher diskutierten Gründe erklärbar. Nach genauerer Überprüfung der Einzelteile des Saphirlagers wurde festgestellt, dass der Hohlzylinder aus Saphir an mehreren Stellen gebrochen war. Anzumerken ist dabei, dass die gesamte Hebelarmkonstruktion bei diesem Auflagekonzept durch zwei Stahlstifte mit einem Durchmesser von ca. 1,5 mm in zwei Hohlzylindern aus Saphir mit einem Außendurchmesser von ca. 10 mm gehalten wird. Es ist also fragwürdig, ob so eine filigrane Konstruktion für den massiven Aufbau der HTGW überhaupt geeignet ist. Weiterhin besteht das Problem, dass sich die Auflage besonders bei höheren Ofentemperaturen ebenfalls erwärmt. Da es sich bei dem Saphirlager um eine besonders präzise gearbeitete Konstruktion ohne Spielraum für die Einzelteile handelt, kann eine Erwärmung und die damit einhergehende thermische Ausdehnung der Einzelteile zu Spannung in der Konstruktion und somit zum Bersten des Saphirkristalls führen.

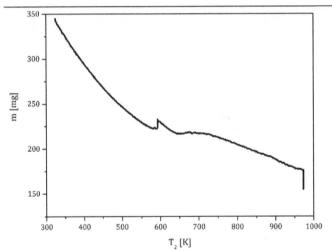

Abbildung 4.22:   Masse über Temperatur für Keilauflage mit keilförmigem Lagerbock und Kieselglasrohr

Im Weiteren soll die Verwendung der Keilauflage im keilförmigen Lagerbock diskutiert werden. Dazu wurde ein Versuch mit demselben Temperaturprogramm wie zuvor (Tabelle A.7) und einem Aufbau bestehend aus dem Kieselglasrohr, der Keilauflage im keilförmigen Lagerbock und der Kraftübertragung über Druck durchgeführt. Dabei zeigt sich während der zweiten Aufheizphase (Abbildung 4.22) zunächst ein kontinuierlicher Anstieg und geht anschließend wieder in den regulären Verlauf des Kieselglasrohres. Diese Störungen in den Aufheizphasen ist besonders für die Untersuchung von Stoffsystemen als kritisch zu betrachten. In den isothermen Bereichen zeigt sich eine Drift von bis zu 8 mg für eine Temperatur von 593 K und bis zu 22 mg bei 973 K. Allerdings werden für das Signalrauschen mit ±0,73 bis ±1,24 mg vergleichbare Werte, wie für die Keilauflage mit rundem Lagerbock und Kieselglasrohr, geliefert.

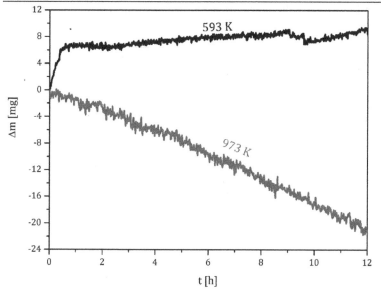

Abbildung 4.23:   isotherme Bereiche bei 593 und 973 K für die Keilauflage mit keilförmigem Lagerbock und Kieselglasrohr

Da für dieses Konzept die Auflage fixiert ist, kommt als Grund für die Drift in den isothermen Bereichen eine Verschiebung dieser nicht in Frage. Allerdings kann sich bei dieser Konstruktion das Problem ergeben, dass die Flanken des keilförmigen Lagerbocks den Stahlkeil und somit den Hebelarm blockieren können. Dadurch ist eine korrekte Übertragung der wirkenden Kräfte auf die Analysenwaage gestört.

Methoden der Kraftübertragung:

Neben der Überprüfung der Eignung der neuen Kraftübertragungsmethode für die
HTGW soll hier zusätzlich eine Bestätigung der Resultate des vorherigen Kapitels
erbracht werden. Dafür wurde die HTGW mit der Kraftübertragung über Zug,
dem Kieselglasrohr und beiden Keilauflage-Konzepten ausgestattet und für beide
Versuchsanordnungen   Messungen   mit   oben   bereits   erwähnten
Temperaturprogramm (Tabelle A.7) untersucht. Auch hier zeigt sich für die
Keilauflage im keilförmigen Lagerbock ein gestörter Kurvenverlauf während der
zweiten Aufheizphase, allerdings in einem geringeren Ausmaß als bei der
Kraftübertragung über Druck.

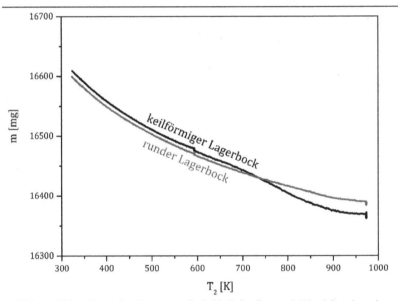

Abbildung 4.24:   Masse über Temperatur für beide Keilauflagen mit Kieselglasrohr und
Kraftübertragung über Zug

In den isothermen Bereichen ergibt sich mit Abweichungen von 4 mg bei 593 K
und 8 mg bei 973 K sich allerdings eine Verbesserung. Beim Signalrauschen
werden ähnliche Werte erreicht. Der Grund, warum die Verwendung der neuen
Kraftübertragungsmethode   eine   allgemeine   Verbesserung   für   dieses
Auflagekonzept liefert, ist allerdings noch unklar. Für die Kombination aus
Keilauflage mit rundem Lagerbock und Kraftübertragung über Zug ergeben sich
keinerlei nennenswerte Veränderungen. Der Kurvenverlauf während der

Aufheizphasen ist wie gehabt weitgehend störungsfrei und die Drift in den isothermen Bereichen sowie das Signalrauschen bewegen sich in denselben Größenordnungen wie bei der Kraftübertragung über Druck.

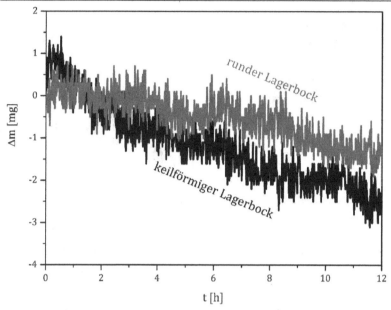

Abbildung 4.25:   isothermer Bereich bei 593 K für beide Keilauflagen und die Kraftübertragung über Zug

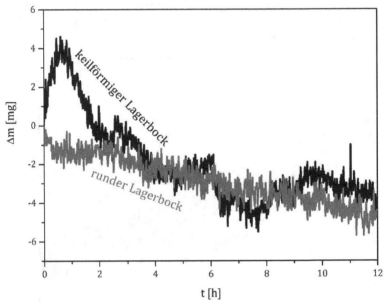

Abbildung 4.26:   isothermer Bereich bei 973 K für beide Keilauflagen und die Kraftübertragung über Zug

4.2.3 Auswahl des optimalen Versuchsaufbaus

Von den im Rahmen dieser Arbeit vorgestellten Konzepten wird eine Kombination aus Kieselglasrohr, der Keilauflage im runden Lagerbock und die Kraftübertragung über Zug als bisher beste Versuchsanordnung angesehen. Bezüglich des Hebelarmmaterials erweist sich das Kieselglas besonders aufgrund der erheblichen Reduzierung des Untergrundes als vorteilhaft. Eine Anpassung nach Gleichung 2.23 gelingt dabei mit wesentlich geringerer absoluter Abweichung als beim Korundrohr. Die Drift in den isothermen Bereichen erreicht für beide Materialien vergleichbare Werte. Nachteilig bei der Nutzung des Kieselglasrohres ist das höhere Signalrauschen. Ein weiteres Problem, welches bisher noch nicht angesprochen und auch im Rahmen dieser Arbeit nicht beobachtet wurde, ist die Devitrifikation (Entglasung) von Kieselglas. Besonders durch mehrfaches und langsames Aufheizen auf Temperaturen nahe der Glasübergangstemperatur von Kieselglas (1350 K) besteht die Gefahr der Bildung von Kristalliten innerhalb des Hebelarmes. Diese fungieren bei erneuter

Aufheizung als Kristallkeime welche zu einer weiter fortschreitenden Entglasung und schließlich zur Beschädigung des Hebelarms führen.

Unter den Auflagekonzepten zeigte die Keilauflage im runden Lagerbock stets einen störungsfreien Kurvenverlauf und die geringste Drift während der Aufheizphasen. Allerdings besteht für dieses Konzept die Gefahr der Verschiebung der Auflage, welche für den Versuchsaufbau eine potentielle Fehlerquelle darstellt.

Für die Methode der Kraftübertragung liefern beide Konzepte in Kombination mit der Keilauflage im runden Lagerbock vergleichbare Werte für das Signalrauschen und einen störungsfreien Verlauf während der Aufheizphasen. Die Kraftübertragung über Zug zeigte jedoch eine niedrigere Drift in den isothermen Bereichen. Der Nachteil bei der Kraftübertragung über Zug ist lediglich, dass die rechtsseitige Belastung (Startwert) über das Hinzufügen bzw. Entfernen von einzelnen Massestücken am hängenden Gegengewicht erfolgt. Der Startwert kann also nur grob eingestellt werden.

5 Anwendung der HTGW zur Untersuchung des Systems Ge-Te-I

In den folgenden Kapiteln wird die Anwendung der Hochtemperatur-gasphasenwaage auf die Untersuchung der heterogenen Gleich-gewichtsreaktionen für das System Ge-Te-I diskutiert. Begonnen wird die Untersuchung des Systems mit dem Übergang des Iods in die Gasphase, wobei nachfolgend die Komponenten Germanium und Tellur sukzessive der Betrachtung hinzugefügt werden. Germanium und Iod bieten zunächst ein bekanntes und in der Literatur intensiv diskutiertes System, an der die Qualität der Messungen beurteilt werden kann. Dabei liegt der Fokus im Besonderen auf der Überführung des erhaltenen Messergebnisses in Δm_{Gas} bzw. in den Gesamtdruck p_{ges}. Dabei wird sowohl eine Übereinstimmung der erzielten Werte für Δm_{Gas} mit der Einwaage der eingesetzten Edukte als auch eine Reproduktion des berechneten Verlaufs der Vergleichskurven angestrebt.

Während der Optimierung des Versuchsaufbaus wurden bereits Untersuchungen zu diesem Stoffsystem durchgeführt. Es werden allerdings nur die Ergebnisse vorgestellt, die mit der momentan besten Versuchsanordnung gewonnen wurden. Die hier gezeigten Versuche für die Untersuchung des Stoffsystems wurden also mit einem Versuchsaufbau bestehend aus dem Kieselglasrohr, der Keilauflage im runden Lagerbock und der Kraftübertragung über Zug durchgeführt (siehe Abbildungen 4.11 und 4.13). Die verwendeten Mengen an Germanium, Tellur und Iod sowie die molaren Verhältnisse sind in Tabelle 5.1 aufgeführt. Das verwendete Germanium und Tellur wurden zuvor im Wasserstoffstrom reduziert, um eventuelle Verunreinigungen durch die Oxide zu beseitigen.

Tabelle 5.1:   Versuchsübersicht zur Untersuchung des Systems Ge-Te-I

Versuch	Stoffmengenverhältnis Ge: Te: I	Einwaage Ge [mg]	Einwaage Te [mg]	Einwaage I_2 [mg]
I_2- Sublimation	-	-	-	261,0
GeI_4	1:0:4	39,0	-	265,8
GeI_2	1:0:2	76,4	-	273,4
$GeTe + I_2$	1:1:2	38,4	65,4	261,5

Als Temperaturprogramm (Tabelle A.8) für das Experiment wurde eine Aufheizung mit wachsendem Temperaturgradienten und einer Aufheizrate von 20 K/h verwendet. Die Vergleichskurven für die Gleichgewichtsdrücke werden über thermodynamische Berechnungen mit der Software *TRAGMIN 5.0* zugänglich gemacht. Als unterstützende Methoden standen die Pulverdiffraktometrie und die Lichtmikroskopie für die Analyse des Bodenkörpers in den Ampullen zur Verfügung.

5.1 Sublimation von Iod

Abbildung 5.1 zeigt die durch die Analysenwaage registrierte Masse in Abhängigkeit von der Temperatur T_2. Das Messergebnis zeigt sowohl den Verlauf des Untergrunds als auch die Masseänderung, hervorgerufen durch den Übergang des Iods in die Gasphase. Anhand des Kurvenverlaufs werden die einzelnen Bereiche abgeschätzt, in denen keine Änderung von Δm_{Gas} zu erwarten sind und somit für eine Untergrundkorrektur verwendet werden können.

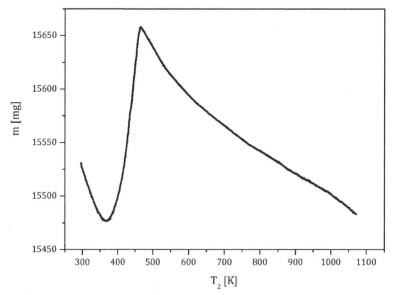

Abbildung 5.1:   Masseverlauf der Sublimation von Iod über die Temperatur ohne
Untergrundkorrektur

Im Falle der Sublimation von Iod liegen diese in den Bereichen von 296 bis 330 K und von 470 bis 900 K (in Abbildung 5.2 blau markiert). Da ab ca. 330 K die Massekurve um Δm_{Gas} erhöht ist, muss der Anpassungsbereich zwischen 470 und 900 K zunächst auf Höhe des Untergrundes nach unten versetzt werden. Unter der Annahme, dass Δm_{Gas} nach vollständiger Sublimation der Einwaage an Iod entspricht, wird der hintere Anpassungsbereich um -261 mg auf der Ordinatenachse verschoben. Abbildung 5.2 verdeutlicht diese Operation. Aus diesen beiden Anpassungsbereichen kann über Gleichung 2.23 die Basislinie erzeugt werden.

$$m_{korr.} = A + B \cdot T + \frac{C}{T}$$ vgl. (2.23)

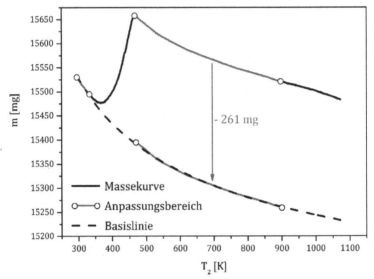

Abbildung 5.2:   Darstellung der Operationen zur Untergrundkorrektur für die Sublimation von Iod

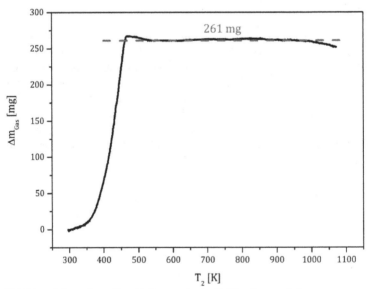

Abbildung 5.3: Δm_{Gas} über die Temperatur der Sublimation von Iod

Nach der Untergrundkorrektur entspricht der Wert für Δm_{Gas} ab ca. 450 K (nach Verlassen der Sättigung) weitestgehend der Einwaage an Iod, womit ein Kriterium für eine korrekte Auswertung erfüllt ist. Die erhaltenen Werte können anschließend über Gleichung 2.14 in den Druck überführt werden.

$$p_{ges} = \frac{\Delta m_{Gas} \cdot R \cdot T}{M_{Gas} \cdot V} \qquad\qquad \text{vgl. (2.14)}$$

Für diesen Schritt muss allerdings die molare Masse der Gasphase über den gesamten Temperaturbereich bekannt sein.
Zum Vergleich des gemessenen Verlaufs der Sublimation mit dem theoretischen, wird über *TRAGMIN* die Zusammensetzung der Gasphase ausgehend von der Einwaage an Iod in einem Temperaturbereich von 300 bis 1100 K berechnet (Abbildung 5.4).

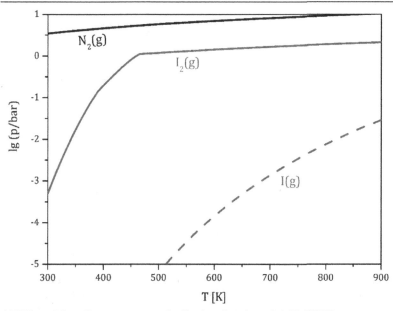

Abbildung 5.4:   Zusammensetzung der Gasphase berechnet über *TRAGMIN*

Die daraus erhaltenen Werte für lg p werden in die Partialdrücke der einzelnen Gasphasenspezies umgerechnet. Da mit zunehmender Temperatur die Dissoziation von Iod die Zusammensetzung der Gasphase beeinflusst, müssen die Partialdrücke des molekularen und atomaren Iods zum Gesamtdruck zusammengefasst werden. Ein weiteres Problem das sich daraus ergibt ist die Änderung der molaren Masse der Gasphase. Für eine korrekte Überführung von Δm_{Gas} in p_{ges} muss diese zunächst aus der zuvor berechneten Zusammensetzung der Gasphase über Gleichung 5.1 ermittelt werden (Abbildung 5.5).

$$M_{Gas}(T) = \frac{p_{I_2}(T) \cdot M_{I_2} + p_I(T) \cdot M_I}{p_{I_2}(T) + p_I(T)} \tag{5.1}$$

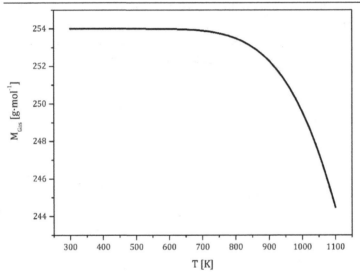

Abbildung 5.5: berechneter Verlauf der molaren Masse der Gasphase für die Sublimation von Iod

An dieser Stelle ist anzumerken, dass diese Berechnungen nur möglich sind, solange konsistente Stoffdaten für das untersuchte System verfügbar sind. Der Gesamtdruck für ein noch unbekanntes Stoffsystem ist dagegen nur eingeschränkt zugänglich. Voraussetzung dafür ist, dass das heterogen Gleichgewicht mit nur **einer** Gasphasenspezies abläuft und diese Spezies auch bekannt ist

Abbildung 5.6 zeigt die aus den Messwerten ermittelte Gesamtdruckkurve sowie die über *TRAGMIN* berechnete Vergleichskurve für die Sublimation von Iod. Beide Kurven weichen nur geringfügig voneinander ab und der Verlauf des Sättigungsbereiches zeigt eine gute Übereinstimmung. Somit haben alle unternommenen Operationen das gewünschte Resultat erzielt.

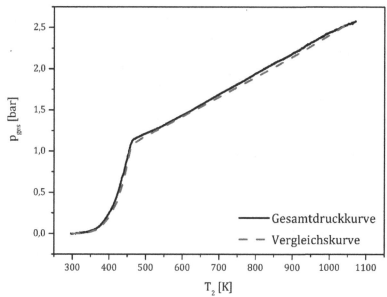

Abbildung 5.6:   Gesamtdruckkurve und Vergleichskurve (Gesamtdruck von Iod, ermittelt durch Modellierung mit dem Programm *TRAGMIN*) der Sublimation von Iod

5.2 Das Phasengebiet GeI₂ – GeI₄

Für dieses Phasengebiet werden zwei Messungen mit unterschiedlichen Stoffmengenverhältnissen von Germanium zu Iod diskutiert. Das Ziel dieser Versuche war das Verfolgen der heterogenen Gasphasen-Bodenkörper-Reaktionen über Bodenkörpern, die nach Einstellung des Bodenkörpergleichgewichts vornehmlich aus GeI_4 bzw. GeI_2 bestehen würden. Für die Untersuchung der Reaktionen über einem Bodenkörper aus GeI_4 wurde die in Abbildung 5.7 gezeigte Massekurve erhalten. Zunächst muss die Untergrundkorrektur ausgehend von der Massekurve erfolgen (Abbildung 5.7). Auch hier sind zwei Bereiche zu identifizieren (von 296 bis 330 K und von 770 bis 1070 K) bei denen keine Änderung von Δm_{Gas} vorliegt und somit für eine Untergrundkorrektur zur Verfügung stehen.

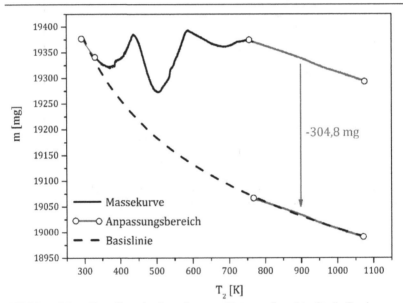

Abbildung 5.7: Darstellung der Operationen zur Untergrundkorrektur für die Gasphasen-Bodenkörper-Gleichgewichte über GeI₄ (Reduzierung des hinteren Anpassungsbereiches um die Einwaage)

Unter der Annahme, dass ab 770 K sowohl Iod als auch Germanium vollständig in der Gasphase vorliegen, wird der hintere Anpassungsbereich um -304,8 mg achsenverschoben und die Basislinie wie oben bereits beschrieben gebildet. Die Überführung von Δm_{Gas} in p_{ges} ist an dieser Stelle deutlich aufwändiger als bei der Sublimation von Iod.

Alternativ können die über *TRAGMIN* berechneten Partialdrücke mit Gleichung 5.2 in die Massen der einzelnen Gasphasenspezies umgerechnet werden.

$$m_i = \frac{p_i \cdot M_i \cdot V}{R \cdot T} \tag{5.2}$$

Somit können die Sättigungskurven als Masse über die Temperatur dargestellt und direkt mit Δm_{Gas} verglichen werden (Abbildung 5.8).

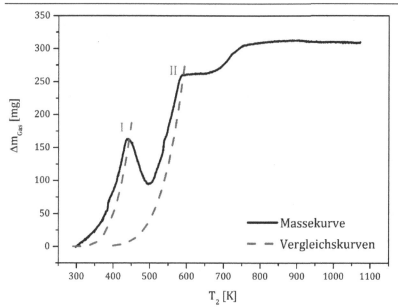

Abbildung 5.8: Δm_{Gas} über die Temperatur, korrigiert mit der Basislinie aus der Massekurve (nach Abbildung 5.7), mit Vergleichskurven

Der Maximalwert von Δm_{Gas} stimmt weitestgehend mit der Einwaage an Iod und Germanium überein, allerdings zeigen sich massive Abweichungen zu den berechneten Sättigungskurven, die Werte für Δm_{Gas} liegen gegenüber den Vergleichskurven deutlich zu hoch. Somit liegt in diesem Fall eine Unterkorrektur der Massekurve vor.

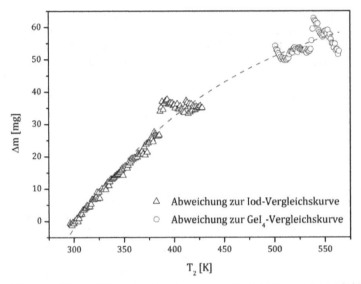

Abbildung 5.9:   Differenz der Massekurve zu den Vergleichskurven der Iod-Sublimation und der Verdampfung von GeI₄ über die Temperatur

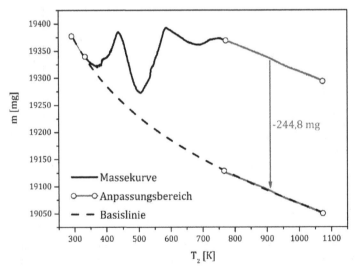

Abbildung 5.10:   Darstellung der Operationen zur Untergrundkorrektur für die Gasphasen-Bodenkörper-Gleichgewichte über GeI₄ (Reduzierung des hinteren Anpassungsbereiches um 244,8 mg)

Um diese Unterkorrektur auszugleichen, werden zunächst in den Temperaturbereichen von 296 bis 428 K und von 500 bis 564 K die Differenzen zwischen der Massekurve und den Vergleichskurven der Iod-Sublimation und der Verdampfung von GeI_4 ermittelt. Das Ergebnis ist in Abbildung 5.9 dargestellt. Das Ergebnis dieser Operation ist Abbildung 5.11 dargestellt. Der Maximalwert von Δm_{Gas} stimmt wie zu erwarten nicht mit der Einwaage an Iod und Germanium überein. Allerdings geben die Werte für Δm_{Gas} in den Sättigungsbereichen den Verlauf der Vergleichskurven relativ genau wieder. Der Grund für die massive Abweichung von ca. 60 mg zur Einwaage ist an dieser Stelle noch unklar. Zwar können beim Zuschmelzen der Ampulle durch Anlegen des Vakuums geringe Mengen an Iod verloren gehen. Allerdings ist eine Menge dieser Größenordnung eher auf einen Fehler bei der Einwaage zurückzuführen. Fehler während der Messung, verursacht durch die in den vorherigen Kapiteln diskutierten Störungen der HTGW, werden an dieser Stelle ausgeschlossen. Zum einen, da Δm_{Gas} in den Sättigungsbereichen mit den Vergleichskurven übereinstimmt, sich aber eine kontinuierliche Drift auch in diesen Bereichen äußern wurde. Zum anderen wurde für diese Versuchsanordnung bisher noch keine Drift beobachtet, die annähernd solche Werte annimmt. Eine Wiederholung der Messung ist an dieser Stelle nötig.

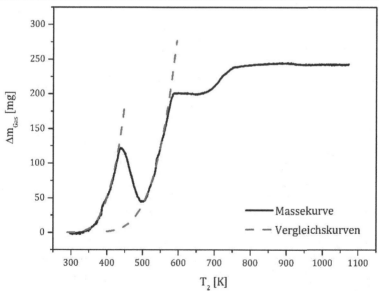

Abbildung 5.11: Δm_{Gas} über die Temperatur, korrigiert mit der Basislinie aus der Massekurve (nach Abbildung 5.10), mit Vergleichskurven

Der Versuch für einen Bodenkörper aus GeI_2 ergab die in Abbildung 5.12 dargestellte Massekurve. Außerhalb des Anfangsbereiches von 296 bis 330 K existieren keine Bereiche die für eine Untergrundkorrektur aus der Massekurve heraus verwendet werden können, da im Bereich ab 800 K noch eine geringfügige Aufnahme von Germanium in die Gasphase erwartet wird. Der Anfangsbereich alleine reicht für eine verlässliche Untergrundkorrektur nicht aus.

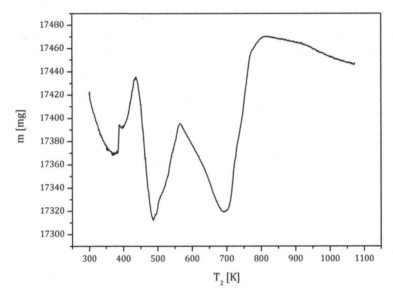

Abbildung 5.12:   Massekurve für die Gasphasen-Bodenkörper-Gleichgewichte über GeI_2

Aus diesem Grund muss die Untergrundkorrektur mit einer der bereits verwendeten Basislinien durchgeführt werden. Dabei fiel die Wahl auf die zuvor erzeugten Basislinie für die Untersuchungen über einem Bodenkörper aus GeI_4 (siehe Abbildung 5.10), da die Masse des vorgelegten Bodenkörpers diesem Experiment am nächsten kommt. Abbildung 5.13 zeigt den Verlauf von Δm_{Gas} über die Temperatur sowie die mittels *TRAGMIN* berechneten Vergleichskurven. In den Sättigungsbereichen von Iod und GeI_4 zeigt sich eine gute Übereinstimmung mit den Vergleichskurven. Allerdings ergeben sich zu den Vergleichskurven für die Zersetzung von GeI_2 sowie für die Bildung von gasförmigem GeI_2 deutliche Abweichungen, welche sich mit steigenden Temperaturen wieder verringern. Der Verlauf der Kurve zeigt, dass das chemische Gleichgewicht in diesem Bereich nicht vollständig eingestellt ist.

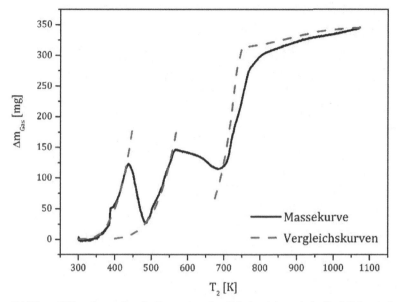

Abbildung 5.13: Δm_{Gas} über die Temperatur über GeI₂, korrigiert mit der Basislinie aus der Massekurve (nach Abbildung 5.10), mit Vergleichskurven

Ein Hinweis dafür liefert der langsame Übergang vom Sättigungsbereich der GeI₂-Zersetzung in den darauffolgenden Bereich der Bildung von gasförmigem GeI₂. Im Gegensatz dazu zeigen sowohl die berechneten Vergleichskurven als auch die Druckmessungen von *Oppermann* [9] (siehe Abbildung 2.10) ein Abknicken des Verlaufs von der Sättigungskurve. Ein ähnlicher Verlauf wie in diesem Experiment zeigt sich auch bei Ergebnissen von *Hohlfeld* (siehe Abbildung 2.11). Die unterschiedlichen Verläufe resultieren aus den verschiedenen, für die Bestimmung des Gesamtdrucks verwendeten Messmethoden. Während von Oppermann eine statische Methode (Membrannullmanometer mit Temperaturintervallen) genutzt wurde, erfolgt die Bestimmung mit der Gasphasenwaage dynamisch. Die Aufheizrate von 20 K/h erweist sich hier als zu hoch, die Einstellung des heterogenen Gleichgewichts verzögert sich.

Der nächste Schritt ist die Überführung der erhaltenen Werte für Δm_{Gas} in den Gesamtdruck. Die dazu nötige Bilanzierung der molaren Masse gestaltet sich allerdings wesentlich aufwändiger als bei der Sublimation von Iod. Zum einen ergeben sich hier zwei zusätzliche Gasspezies.

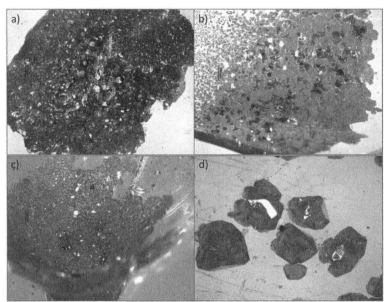

Abbildung 5.14:   Mikroskopie-Aufnahmen der in der Ampulle befindlichen Feststoffe für die Untersuchung des Phasengebietes $GeI_2 - GeI_4$, a) Gemisch aus GeI_4, GeI_2 und Germanium, b) GeI_2 an der Ampullenwand, c) GeI_4 an der Ampullenwand, d) vereinzelte GeI_4-Kristalle in der Ampulle

Zum anderen überlagern sich die Kondensation einer Gasspezies in den Bodenkörper und das Verdampfen bzw. Sublimieren einer anderen Gasspezies. Da die Überführung der mittels TRAGMIN berechneten Partialdrücke in die Masse ebenfalls eine gute Vergleichsbasis schafft, wird auf eine Umrechnung von Δm_{Gas} in p_{ges} verzichtet.

Im Anschluss an die Untersuchungen mit der HTGW erfolgte eine Analyse der Bodenkörper. Dabei verblieben bei beiden Versuchen sowohl kleinère Mengen Germanium sowie GeI_2 und GeI_4 in der Ampulle. Die Identifizierung der einzelnen Spezies erfolgte über Pulverdiffraktometrie. Die beiden Germaniumiodide lagen oftmals isoliert in der Ampulle vor (siehe Abbildung 5.14 b, c, d) und waren optisch gut zu unterscheiden. Somit konnten diese einzeln nachgewiesen werden (siehe Abbildungen A.1 und A.2 im Anhang).

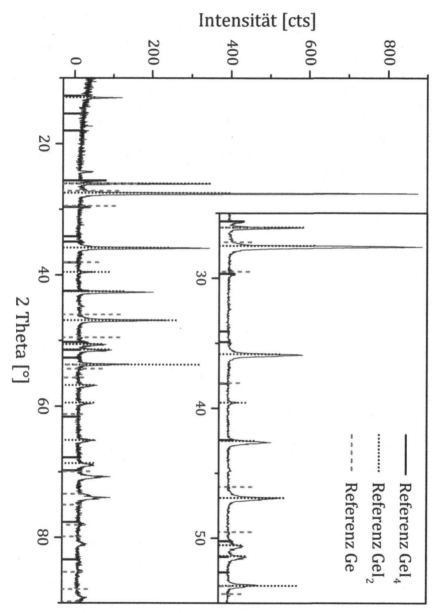

Abbildung 5.15: Pulverdiffraktogramm des Bodenkörpers (vgl. Abbildung 5.14 a) für die Untersuchung des Phasengebietes GeI₂ – GeI₄

Germanium konnte aus dem Bodenkörper nicht isoliert werden. Dieses lag stets in einem Gemenge mit beiden Germaniumiodiden vor. Über die Untersuchung dieser Gemische mittels Pulverdiffraktometrie konnte kein Nachweis für gediegenes Germanium erbracht werden (siehe Abbildung 5.15). Der einzige Hinweis auf Germanium geht aus den Mikroskopie-Aufnahmen hervor, in denen ein metallischer Feststoff an der Oberfläche des Bodenkörpers sichtbar ist (Abbildung 5.14 a). Es kann sich also hier nur um minimale Mengen an Germanium handeln, die über Pulverdiffraktometrie nicht mehr erfasst werden können. Reines Iod konnte in den Ampullen nicht vorgefunden werden.

Insgesamt lieferten die Experimente eine gute Reproduktion der Erkenntnisse von *Hohlfeld* [9] *Oppermann* [11]. Zum einen zeigt sich oftmals eine Übereinstimmung von Δm_{Gas} mit den Vergleichskurven, berechnet aus den Stoffdaten von *Oppermann*. Zum anderen konnte dieselbe Abfolge der Phasenbildung wie bei *Hohlfeld* beobachtet werden.

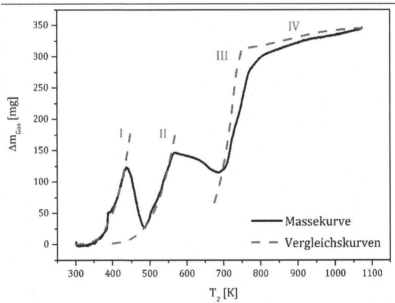

Abbildung 5.16: Δm_{Gas} über die Temperatur über GeI_2, mit Vergleichskurven und Markierung der einzelnen Gasphasen-Bodenkörper-Gleichgewichte

Dabei lassen sich folgende Gleichgewichtsreaktionen den Vergleichskurven (bezogen auf Abbildung 5.16) zuordnen.

$$\text{I} \qquad I_2(s,l) \rightleftharpoons I_2(g) \qquad\qquad\qquad (5.3)$$
$$\text{II} \qquad GeI_4(l) \rightleftharpoons GeI_4(g) \qquad\qquad\qquad \text{vgl. (2.24)}$$
$$\text{III} \qquad GeI_2(s) \rightleftharpoons GeI_4(g) + Ge(s) \qquad\qquad \text{vgl. (2.27)}$$
$$\text{IV} \qquad GeI_4(g) + Ge(s) \rightleftharpoons GeI_2(g) \qquad\qquad \text{vgl. (2.28)}$$
$$GeI_4(g) \rightleftharpoons GeI_2(g) + I_2(g) \qquad\qquad \text{vgl. (2.25)}$$

Bei der Zersetzung von $GeI_4(g)$ über Gleichung 2.25 handelt es sich um ein homogenes Gasphasengleichgewicht. Dieses wird von der HTGW nicht erfasst, da keine Reaktion und somit kein Masseaustausch zwischen Gasphase und Bodenkörper stattfindet. Zwischen den Vergleichskurven I und II sowie zwischen II und III sind, besonders über einem Bodenkörper mit einem Germanium-Iod-Verhältnis für GeI_2 (Abbildung 5.13), die Reaktionen der Gasphase mit dem Bodenkörper unter Bildung einer kondensierten Phase zu beobachten. Diesen Bereichen lassen sich folgende Reaktionen zuordnen.

$$\text{I} \rightarrow \text{II} \qquad 2\,I_2(g) + Ge(s) \rightarrow GeI_4(s,l) \qquad\qquad \text{vgl. (2.29)}$$
$$\text{II} \rightarrow \text{III} \qquad GeI_4(g) + Ge(s) \rightleftharpoons GeI_2(s) \qquad\qquad \text{vgl. (2.27)}$$

Betrachtet man die Abfolge der Phasenbildung in Zusammenhang mit einem chemischen Transport von Germanium mit Iod, lässt diese sich wie folgt interpretieren. Zu Beginn der Messung liegen Iod und Germanium als Elemente nebeneinander vor. Mit zunehmender Temperatur erfolgt der Übergang des Iods in die Gasphase (I). Dabei ist Iod als Transportzusatz [1] zu bezeichnen. Nach 400 K beginnt die Reaktion von Iod mit dem Bodenkörper unter Bildung von $GeI_4(s,l)$, dem eigentlichen Transportmittel. Mit zunehmender Temperatur geht das Transportmittel in die Gasphase über (II). Im Anschluss erfolgt die Bildung bzw. die Zersetzung von $GeI_2(s)$ (III). Ein Transportversuch in diesem Temperaturbereich würde nach Gleichung 2.27 lediglich zur Abscheidung von $GeI_2(s)$ auf der Senkenseite führen [9]. Erst im Bereich IV ist ein Transport von Germanium möglich, wobei Gleichung 2.28 die Transportgleichung darstellt. Die Reaktionen für die Bereiche I, I → II, II → III sind allerdings nur zu beobachten, da die Komponenten des Systems in ihrer elementaren Form vorgelegt wurden. Nach einmaliger Aufheizung und Abkühlung sollten Germanium und Iod nur noch in Form von GeI_2 und GeI_4 vorliegen. Das heißt bei erneuter Messung derselben Ampulle entfallen die Reaktionen für die Bereiche I, I → II, II → III, da das chemische Gleichgewicht des Bodenkörpers bereits eingestellt ist. Der Kurvenverlauf einer erneuten Aufheizung lässt sich über *TRAGMIN* vorausberechnen (Abbildung 5.17).

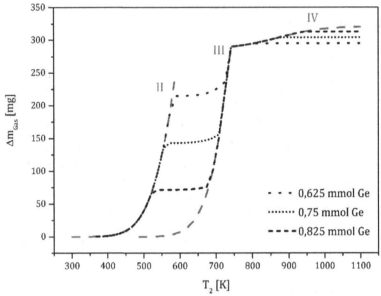

Abbildung 5.17:   Berechnete Kurvenverläufe für die Masse der Gasphase über einem Bodenkörper im Gleichgewicht bestehend aus 1 mmol Iod (I_2) und verschiedenen Stoffmengen an Germanium

Die grau-gestrichelten Linien zeigen dabei die Grenzen des Phasengebietes GeI_2 - GeI_4, bezogen auf 1 mmol Iod. Bei Vorlage von 0,5 mmol Germanium würde sich nur GeI_4 im Bodenkörper befinden. Mit zunehmender Temperatur geht GeI_4 in die Gasphase über. Bei Verlassen der Sättigungskurve befinden sich Iod und Germanium vollständig in der Gasphase. Die Reaktionen nach den Gleichungen 2.27 und 2.28 bleiben aus. Das homogene Gasphasengleichgewicht nach Gleichung 2.25 stellt sich im entsprechenden Temperaturbereich nach wie vor ein. Je mehr Germanium bei gleichbleibender Menge an Iod vorgelegt wird, umso niedriger ist die Temperatur beim Verlassen der Sättigungskurve II. Im Bodenkörper liegt also weniger GeI_4 zugunsten von GeI_2 vor. Somit finden für Germaniummengen größer 0,5 mmol die Reaktionen nach Gleichung 2.27 und 2.28 statt und die Massekurve verläuft entlang der Sättigungskurven III und IV. Bei Vorlage von 1 mmol Germanium befindet sich nur noch GeI_2 im Bodenkörper. Somit würde die Massekurve nur noch entlang der Sättigungskurven III und IV verlaufen, das Phasengebiet GeI_2 - GeI_4 endet an dieser Stelle.

5.3 Das System Ge-Te-I

Ziel des im Folgenden diskutierten Versuches ist die Aufklärung der Phasenbeziehungen innerhalb dieses Systems. Für dieses Experiment wurde ein Verhältnis 0,5:0,5:2 (Ge:Te:I_2) für die einzelnen Elemente gewählt. Abbildung 5.18 zeigt die aufgenommene Massekurve.

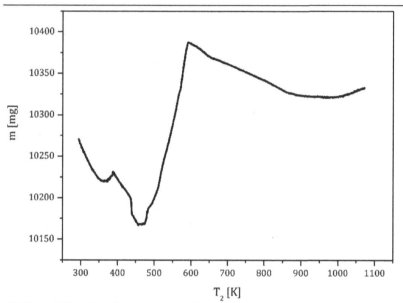

Abbildung 5.18:   Massekurve zur Untersuchung der Gasphasen-Bodenkörper-Gleichgewichte über einem Bodenkörper aus Germanium, Tellur und Iod

Ähnlich wie die Massekurve über GeI_2 ist nach 330 K kein weiterer Anpassungsbereich vorhanden, der für eine Untergrundkorrektur geeignet wäre. Auch hier wird dazu die Basislinie der Untersuchungen über einem Bodenkörper aus GeI_4 verwendet. Das Ergebnis ist in Abbildung 5.19 dargestellt. Da für die Telluriodide keine verlässlichen Stoffdaten vorlagen, war eine theoretische Berechnung der Vergleichskurven für Ge-Te-I nicht realisierbar. Um dennoch eine Vergleichsbasis schaffen zu können, erfolgte eine Berechnung der Gasphasen-Bodenkörper-Gleichgewichte für das System Ge-I mit den Einwaagen an Germanium und Iod aus diesem Experiment. Damit zeigen die Vergleichskurven den theoretischen Verlauf der Massekurve bei vollständiger Umsetzung des vorgelegten Iods mit Germanium. Bereits bei der Sublimation von Iod ist ein deutlich früheres Verlassen der Sättigungskurve zu beobachten als im

System Ge-I. Dies liefert einen ersten Hinweis auf die Aufnahme von gasförmigem Iod durch Tellur im Bodenkörper. Des Weiteren zeigt sich eine deutliche Abweichung von Δm_{Gas} gegenüber der Vergleichskurve der Verdampfung von GeI_4 (II). Die *konstante* Abweichung von der Vergleichskurve zeigt, dass gegenüber der Berechnung eine weitere Spezies zum Gesamtdruck in der Ampulle beiträgt. Das heißt, dass neben der Verdampfung von GeI_4 auch Telluriodide in die Gasphase übergehen. Nach Untersuchungen des Gesamtdruckes über TeI_4 durch *Oppermann* [13] findet bereits ab 150 °C (423 K) der Übergang von TeI_4 in die Gasphase statt.

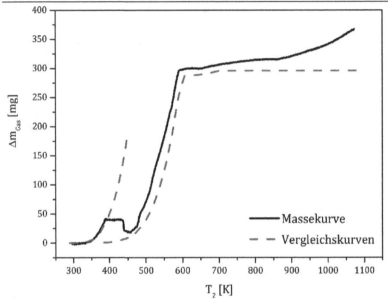

Abbildung 5.19: Δm_{Gas} über die Temperatur zur Untersuchung der Gasphasen-Bodenkörper-Gleichgewichte über einem Bodenkörper aus Germanium, Tellur und Iod

Zur Bestätigung dieser Vermutung wurde der in der Ampulle verbliebene Bodenkörper mittels Mikroskopie und Pulverdiffraktometrie untersucht. Dabei waren zunächst zwei größere Feststoffgebilde zu identifizieren. Die Untersuchung des Gemenges, dargestellt in Abbildung 5.20 a, mittels Pulverdiffraktometrie ergab, dass dieses zum größten Teil aus GeI_4 und TeI besteht. GeTe konnte nicht nachgewiesen werden, da sich dessen Reflexlagen mit denen von GeI_4 überschneiden. Die Untersuchung des anderen Feststoffgebildes (Abbildung 5.20 c) zeigte die Existenz von TeI und reinem Tellur. Die Anwesenheit der Telluriodide ist somit bestätigt. An dieser Stelle ist allerdings zu hinterfragen, mit welchem Anteil die Germanium- bzw. Telluriodide am Betrag von Δm_{Gas} beteiligt sind. Aufgrund der unsicheren Daten der Telluriodide kann nur eine qualitative Einschätzung der Gasphasenzusammensetzung aus den Ergebnissen erfolgen.

Abbildung 5.20:   Mikroskopieaufnahmen der in der Ampulle verbliebenen Feststoffgebilde

Ein Hinweis darauf, welche Gasspezies die dominierende ist, liefert der Verlauf von Δm_{Gas}. Vergleicht man den gemessenen Verlauf mit der Vergleichskurve (Abbildung 5.23) und den Massekurven des Stoffsystems Ge-I, sind eher die Germaniumiodide als dominierende Gasspezies zu identifizieren. Bei vollständiger Umsetzung von Germanium und Iod zu GeI_4 würde die Massekurve den Sättigungsbereich II bei ca. 300 mg für Δm_{Gas} verlassen, was ungefähr dem gemessenen Verlauf entspricht.Der vollständige Übergang von Iod und Tellur in die Gasphase würde einen Wert von ca. 330 mg erzeugen. Ein weiterer Hinweis ist das Ausbleiben eines Masseabfalls infolge der Reaktion nach Gleichung 2.27.

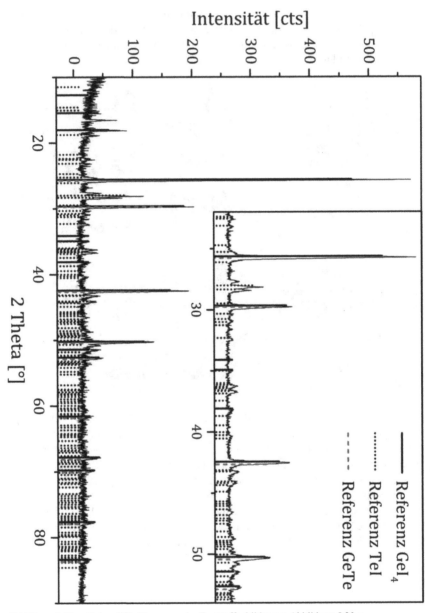

Abbildung 5.21:   Pulverdiffraktogramm des Feststoffgebildes aus Abbildung 5.20 a

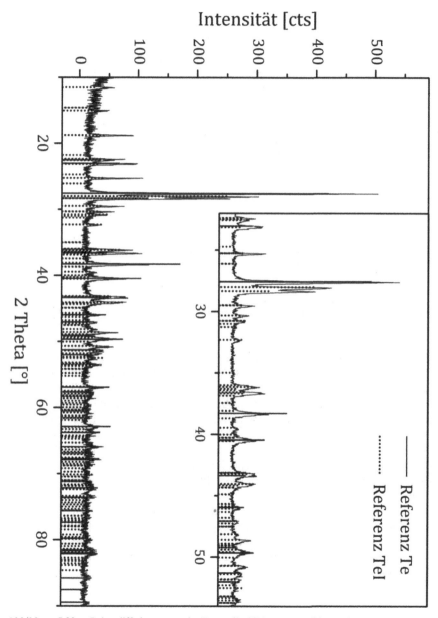

Abbildung 5.22: Pulverdiffraktogramm des Feststoffgebildes aus Abbildung 5.20 c

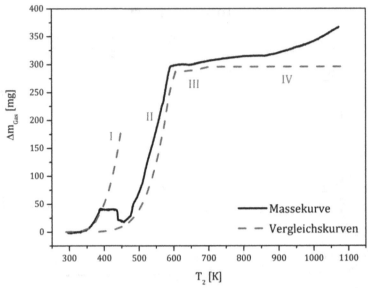

Abbildung 5.23: Δm_{Gas} über die Temperatur über einem Bodenkörper aus Germanium, Tellur und Iod, mit Vergleichskurven und Markierung der einzelnen Gasphasen-Bodenkörper-Gleichgewichte für das System Ge-I

Nach den bisher gewonnen Erkenntnissen müsste GeI_4 nach Verlassen des Sättigungsbereiches II mit dem im Bodenkörper verbliebenen Germanium unter Bildung von $GeI_2(s)$ reagieren und somit zu einem deutlichen Abfall von Δm_{Gas} führen. Da dieser Effekt allerdings ausbleibt, ist zu vermuten, dass bei Verlassen der Sättigung nur noch geringe Mengen Germanium im Bodenkörper vorhanden sind, das Germanium also zu einem Großteil in der Gasphase vorliegt. Des Weiteren fanden sich bei der Analyse des Bodenkörpers das iodarme Tellur(I)-Iodid und Tellur sowie das iodreiche Germanium(IV)-Iodid. Es zeigt sich also bereits anhand der Bodenkörperspezies, dass Germanium eine höhere Affinität aufweist, Verbindungen mit Iod einzugehen, als Tellur.

Der Versuch zeigt allerdings nur die dominierenden Gleichgewichte für die vorgegebene Zusammensetzung des Bodenkörpers. Für eine Untersuchung in Hinblick auf einen chemischen Transport müsste allerdings eine Zusammensetzung gewählt werden, die den Bedingungen eines chemischen Transportes entsprechen.

Das heißt in folgenden Versuchen sollten geringere Mengen an Iod eingesetzt werden und die daraus resultierenden Gleichgewichte für das Phasengebiet GeI_2 - GeI_4 überprüft werden. Erst dann kann die Transportgleichung für einen Transport von GeTe mit Iod nachvollzogen werden. *Bosholm* [15] schließt dabei ausgehend von Modellrechnungen auf einen Transport nach:

$$GeTe(s) + 2\,GeI_4(g) \rightleftharpoons 3\,GeI_2(g) + TeI_2(g) \qquad \text{vgl. (2.30)}$$

5.4 Möglichkeiten und Grenzen der Methode

Die Hochtemperaturgasphasenwaage stellt eine sehr gute Methode zur Untersuchung von heterogenen Gasphasen-Bodenkörper-Reaktionen dar. So ist die Darstellung von heterogenen Gasphasen-Bodenkörpergleichgewichten prinzipiell möglich. Die Voraussetzungen für eine exakte Wiedergabe sind allerdings noch nicht zur Gänze erfüllt. So ergeben sich noch Probleme für eine optimale Untergrundkorrektur der erhaltenen Massekurven sowie eine Anfälligkeit gegenüber den aufgezeigten Störungen und damit einer eingeschränkten Genauigkeit der Messwerte. Zudem ist besonders die Identifizierung und exakte Einschätzung der vorherrschenden chemischen Gleichgewichte an die Kenntnis thermodynamischer Daten gebunden. Des Weiteren handelt es sich bei der HTGW eher um eine gravimetrische Methode. Eine direkte Bestimmung des Gesamtdrucks erfolgt daher nicht. Dieser kann nur unter bestimmten Voraussetzungen über Δm_{Gas} zugänglich gemacht werden. Dabei ist die Kenntnis der Zusammensetzung der Gasphase von entscheidender Bedeutung. Die Erfassung von homogenen Gasphasengleichgewichten erlaubt die Methode somit nicht. Da hierbei aber auch keine Reaktion mit dem Bodenkörper stattfindet sind diese Gleichgewichte für einen chemischen Transport weitaus weniger relevant, als die Reaktionen, die die HTGW erfassen kann. Zusätzlich ergibt sich aus der direkten Bestimmung von Δm_{Gas} auch ein Vorteil. Bei einer heterogenen Gleichgewichtsreaktion entsprechend Gleichung 5.4 ergibt sich unabhängig von der Gleichgewichtslage keine Gesamtdruckänderung. Eine Methode zur direkten Bestimmung des Gesamtdrucks würde diese Reaktion nicht registrieren. Mit der HTGW könnte aufgrund der höheren molaren Masse von C(g) die Änderung der Gleichgewichtslage über die Temperatur erfasst werden.

$$A(s) + 1\,B(g) \rightleftharpoons 1\,C(g) \qquad (5.4)$$

Ein weiterer Vorteil gegenüber anderen Methoden, wie dem Membrannullmanometer, ist, dass sich das zu untersuchende Stoffsystem während der Messung mit der HTGW in einer geschlossenen Quarzglasampulle befindet. Somit wird ein „Screening" des Stoffsystems unter identischen Versuchsbedingungen wie in einem klassischen Transportexperiment (im geschlossenen System) ermöglicht. Somit können im Vorfeld die optimalen Versuchsparameter für einen chemischen Transport, so wie die Menge an Transportmittel/Transportzusatz, die Transporttemperatur und der Temperaturgradient, ausgewählt werden. Weiterhin ermöglicht die HTGW die Planung von Festkörpersynthesen über heterogene Gashasen-Bodenkörper-Reaktionen. Da es sich um eine dynamische Messmethode handelt, werden zusätzlich dazu kinetische Betrachtungen der heterogenen Reaktionen zugänglich gemacht. Über die Vorbetrachtung von chemischen Transportreaktionen und Festkörpersynthesen können zeitaufwendige und teure „Trial-and-Error"-Verfahren vermieden werden.

6 Zusammenfassung und Ausblick

Die vorliegende Arbeit liefert in erster Linie eine umfassende Betrachtung des grundlegenden Messprinzips der Hochtemperaturgasphasenwaage sowie dessen Umsetzung. Dabei wurden sowohl die baulichen Merkmale der HTGW, die sich daraus ergebenden Parameter sowie die korrekte Verarbeitung der erhaltenen Messwerte sowie deren Interpretation näher beleuchtet.

In den ersten Versuchen bezüglich der experimentellen Umsetzung der Methode konnten einige relevante Störquellen, wie z.b. die Änderung des Luftdrucks der Umgebung oder die Wärmeabstrahlung des Ofens, identifiziert werden. Diese Erkenntnis bietet die Grundlage für eine weiterführende Verbesserung des Versuchsaufbaus. So werden für die Thermogravimetrie (TG), eine Analysenmethode, der eine gewisse Verwandtschaft zur HTGW zugestanden werden kann, Konzepte angewendet, um derartige störende Einflüsse zu beseitigen. Hersteller von TG-Analysesystemen, z.b. *Mettler-Toledo AG* [17] oder *Netzsch-Gerätebau GmbH* [18] verwenden einen mit Schutzgas gespülten und thermostatierten Waagenraum (siehe Abbildung 6.1). Damit wird für die Waage innerhalb der TG ein konstanter Umgebungsdruck bzw. eine konstante Umgebungstemperatur generiert. Eine Beeinflussung durch äußere Temperatur- und Luftdruck-schwankungen ist damit ausgeschlossen. Um den Waagenraum vor der Wärmeabstrahlung des Ofens zu schützen werden am Verbindungsarm von Messkopf und Waage Reflektoren (oder auch Strahlungsschutz) aus Keramik angebracht. Mit der bereits erwähnten Thermostatierung des Waagenraums wird der Einfluss des Ofens auf die Waage abgeschwächt.

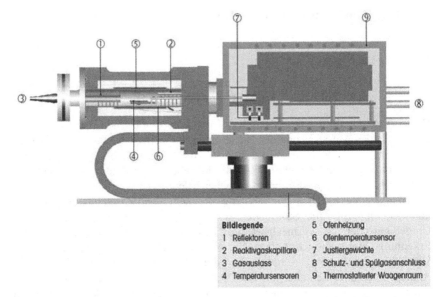

Abbildung 6.1:   prinzipieller Aufbau der TGA-Systeme von *Mettler-Toledo AG*, abgeändert übernommen aus [17]

Besonders für letzteres Konzept ist eine Anwendung auf die HTGW durchaus lohnenswert, da zum einen die bauliche Umsetzung relativ simpel ist und zum anderen die Wärmeabstrahlung des Ofens das größere Problem darstellt, als die Änderung des Luftdrucks.

Im Zuge der Verbesserung des Versuchsaufbaus konnten Fortschritte erzielt werden. Durch beispielsweise die Einführung des Kieselglasrohres als neues Hebelarmkonzept konnte eine deutliche Erniedrigung des Untergrundes erreicht werden. Der einzige deutliche Nachteil dieser Änderung ist die eingeschränkte thermische Stabilität des Kieselglasrohres aufgrund der voranschreitenden Entglasung. Eine Verbesserung des Auflagekonzeptes konnte nicht erzielt werden. Die bisher verwendete Keilauflage im runden Lagerbock lieferte die besten Ergebnisse. Allerdings sollte aufgrund der möglichen Störungsanfälligkeit durch die Beweglichkeit des Keils im Lagerbock das Auflagekonzept noch einmal überdacht werden. Eine stabilere Variante des Saphirlagers könnte in Kombination mit dem bereits vorgeschlagenen Strahlungsschutz (der auch die Auflage vor der Wärmeabstrahlung des Ofens schützen würde) eine bessere Alternative gegenüber dem bisher verwendeten Konzept bieten.

Für die Anwendung der HTGW auf das System Ge-I konnten in Hinsicht auf die Verarbeitung der Messwerte gute Resultate erzielt werden. Die Ergebnisse decken sich weitestgehend mit denen von *Hohlfeld* und *Oppermann*. Dabei liefert die Untergrundkorrektur aus der Massekurve heraus gute Resultate. Allerdings ist dies nicht bei jeder Messung möglich, wodurch Basislinien aus anderen Experimenten zur Untergrundkorrektur herangezogen werden müssen, was wiederum die Zuverlässigkeit der Ergebnisse einschränkt. Auch die Überführung von Δm_{Gas} in den Gesamtdruck gestaltet sich mit zunehmender Komplexität des Stoffsystems immer schwieriger, da bei der Bestimmung der molaren Masse auf thermodynamische Berechnungen zurückgegriffen werden muss. Für ein noch nicht bekanntes Stoffsystem ist dies daher nur unter bestimmten Voraussetzungen möglich. Da allerdings auch Δm_{Gas} einen sehr guten Informationsgehalt bietet, konnten den einzelnen Bereichen die entsprechenden Reaktionen zugeordnet werden und somit die Erkenntnisse von *Hohlfeld* und *Oppermann* bestätigt werden.

Die Untersuchung des Systems Ge-Te-I war mit einigen Problemen verbunden. Zum einen gelang hier keine Untergrundkorrektur aus der Massekurve heraus und zum anderen konnte wegen des Fehlens von zuverlässigen Stoffdaten der gemessene Kurvenverlauf nicht über theoretische Berechnung nachvollzogen werden. Die Interpretation der Ergebnisse beruhte also auf einem Vergleich zu den Erkenntnissen zum System Ge-I. Die daraus resultierende Einschätzung der Phasenbeziehungen in diesem System ist allerdings nicht bewiesen und bedarf weiterer Untersuchungen, z.B. bezüglich des Systems Te-I.

Literaturverzeichnis

[1] M. Binnewies, R. Glaum, M. Schmidt, P. Schmidt (1962): *Chemische Transportreaktionen.* De Gruyter, Berlin.

[2] H. Schäfer (1962): *Chemische Transportreaktionen.* Verlag Chemie, Weinheim.

[3] A. F. Hollemann, N. Wiberg (2007): *Lehrbuch der Anorganischen Chemie.* 102. Auflage, de Gruyter, Berlin.

[4] A. E. van Arkel (1939): *Reine Metalle*, Springer, Berlin.

[5] H. Oppermann, G. Stöver, E. Wolf (1974): *Z. Anorg. Allg. Chem.* 410(2), 179 – 194.

[6] M Schöneich (2012): *In situ Charakterisierung der Phasenbildung - Konzept und Anwendung der Analyse von Festkörper-Gas-Reaktionen durch Gesamtdruckmessung.* Dissertation, TU Dresden.

[7] A. Hackert, V. Plies (1998): *Z. Anorg. Allg. Chem.* 624, 74 – 80.

[8] T. Kohlmann, V. Plies, R. Gruehn (1989): *Z. Anorg. Allg. Chem.* 568, 198.

[9] M. Hohlfeld (2012): *Bildung und Existenz fester Phasen in heterogenen Gleichgewichten.* Bachelor Thesis, TU Dresden.

[10] R. Gerasch (2013): *Optimierung und Anwendung einer Hochtemperaturgasphasenwaage.* Bachelor Thesis, HS-Lausitz Senftenberg.

[11] H. Oppermann (1983): *Z. Anorg. Allg. Chem.* 504, 95 – 104.

[12] W. Klemm, G. Frischmuth (1934): *Z. Anorg. Allg. Chem.* 218, 249.

[13] H. Oppermann, G. Stöver, E. Wolf (1976): *Z. Anorg. Allg. Chem.* 419, 200 - 212.

[14] H. Oppermann (1996): *Z. Anorg. Allg. Chem.* 622, 262 - 266.

[15] O. Bosholm (2000): *Untersuchungen zum chemischen Transport intermetallischer Phasen in den Systemen Ge - Te, Sn - Te, Pb - Te, Fe - Si, Co - Si, Ni - Si und Fe - Ge.* Dissertation, TU Dresden.

[16] G. Eriksson (1971): Acta chem. Scand. 25, 2651

[17] http://de.mt.com/mt_ext_files/Editorial/Generic/4/TGA_DSC_1_Product_ Brochure_Editorial-Generic_1186143058785_files/51724558_TGA_ DSC1_Brosch_D.pdf; zuletzt geprüft: 17.05.2014 14:00 Uhr

[18] http://ap.netzschcdn.com/uploads/tx_nxnetzschmedia/files/TG_209_F3_ Tarsus_D_0313_01.pdf, Zuletzt geprüft: 17.05.2014 14:00 Uhr

[19] O. Knacke, O. Kubaschewski, K.Hasselmann (1991): Thermochemical Properties of Inorganic Substances, Second Edition

Anhang

Verwendete Temperaturprogramme

Tabelle A.1:   Temperaturprogramm zum Einfluss der Abstrahlung des Ofens

T_1 [K]	T_2 [K]	t [h]
RT → 1173	RT → 1173	25
1173 (isotherm)	1173 (isotherm)	12

Tabelle A.2:   Temperaturprogramme für die nachträgliche Ausdehnung des Hebelarms bei Aufheizraten von 20, 40 und 80 K/h

T_1 [K]	T_2 [K]	t [h]
RT → 343	RT → 293	1
343 → 643	293 → 593	15/7,5/3,6
643 (isotherm)	593 (isotherm)	2
643 → 943	593 → 893	15/7,5/3,6
943 (isotherm)	893 (isotherm)	2/2/48

Tabelle A.3:   Temperaturprogramm zur Untersuchung des Einflusses des Gegengewichts

T_1 [K]	T_2 [K]	t [h]
RT → 343	RT → 293	1
343 → 950	293 → 900	30,6

Tabelle A.4: Temperaturprogramm zur Untersuchung des Einflusses des Gegengewichts

T_1 [K]	T_2 [K]	t [h]
RT → 343	RT → 293	2
343 → 973	293 → 923	34

Tabelle A.5: Temperaturprogramm für das Kieselglasrohr mit Keilauflage im runden Lagerbock

T_1 [K]	T_2 [K]	t [h]
RT → 343	RT → 293	1
343 → 673	293 → 623	3,6
673 (isotherm)	623 (isotherm)	20
673 → 1023	623 → 973	3,6
1023 (isotherm)	973 (isotherm)	20

Tabelle A.6: Temperaturprogramm für das Korundrohr mit Keilauflage im runden Lagerbock

T_1 [K]	T_2 [K]	t [h]
RT → 343	RT → 293	1
343 → 643	293 → 593	3,6
643 (isotherm)	593 (isotherm)	20
643 → 943	593 → 893	3,6
943 (isotherm)	893 (isotherm)	20

Tabelle A.7: Temperaturprogramm für die Versuche zur Überprüfung der neuen Auflagekonzepte und der neuen Kraftübertragungsmethode

T_1 [K]	T_2 [K]	t [h]
RT → 343	RT → 293	2
343 → 643	293 → 593	3,6
643 (isotherm)	593 (isotherm)	12
643 → 1023	593 → 973	3,6
1023 (isotherm)	973 (isotherm)	12

Tabelle A.8: Temperaturprogramm zur Untersuchung des Systems Ge-Te-I

T_1 [K]	T_2 [K]	t [h]
RT → 303	RT → 293	1
303 → 1123	293 → 1073	39

Abbildungen

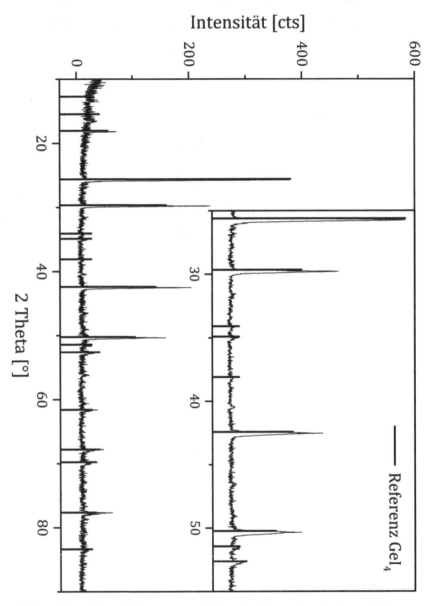

Abbildung A.1:   Pulverdiffraktogramm von GeI_4 aus der Untersuchung des Systems Ge-I

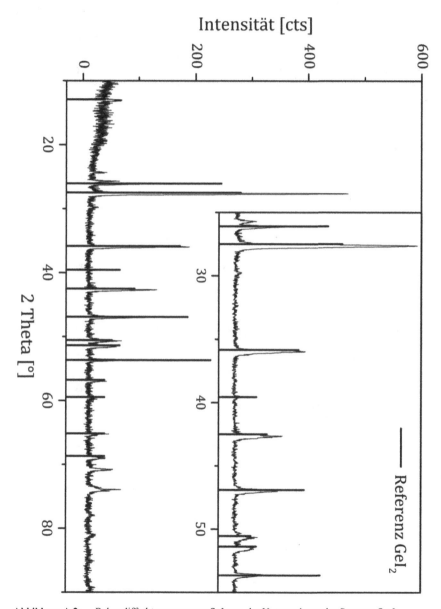

Abbildung A.2: Pulverdiffraktogramm von GeI$_2$ aus der Untersuchung des Systems Ge-I

Verwendete Stoffdaten

Tabelle A.9:   Für die Berechnung mittels TRAGMIN verwendete Stoffdaten

Verbindung	$\Delta_B H^\circ_T$ [kJ/mol]	S°_T [J/mol·K]	C_p [J/mol·K]			T [K]	Quelle
			a	b	c		
Ge(s)	0	31,087	23,350	3,898	-1,051	298	[19]
Ge(g)	374,061	167,903	29,467	-3,655	3,182	298	[19]
I_2(s)	0	116,100	30,128	81,630	0	298	[19]
I_2(l)	20,808	171,680	82,007	0	0	387	[19]
I_2(g)	62,199	260,201	37,250	0,779	-0,050	298	[19]
I(g)	106,801	180,799	20,390	0,402	0,029	298	[19]
GeI_4(s)	-141,799	271,099	81,169	150,624	0	298	[11]
GeI_4(l)	-127,790	303,208	156,900	0	0	298	[11]
GeI_4(g)	-54,617	428,925	106,843	0,649	-2,550	298	[11]
GeI_2(s)	-88,002	134,091	77,820	0,013	0	298	[11]
GeI_2(g)	66,654	318,000	57,853	0	0	298	[11]
N_2	0	191,700	30,417	2,546	-2,378	298	[19]

Die Koeffizienten a, b und c gelten für die folgende C_p-Funktion:

$$C_p = a + b \cdot 10^{-3} \cdot T + c \cdot 10^5 \cdot T^{-2}$$

Printed in the United States
By Bookmasters